内蒙古自治区应用技术研究与开发资金计划（201605052）资助出版

U0226946

浑善达克沙地沙漠化多源遥感监测

宁小莉　张雪峰　朝鲁门　安妮　刘美萍　刘宏宇　著

兰州大学出版社
LANZHOU UNIVERSITY PRESS

图书在版编目（CIP）数据

浑善达克沙地沙漠化多源遥感监测 / 宁小莉等著
. -- 兰州：兰州大学出版社，2021.6
ISBN 978-7-311-05999-6

Ⅰ.①浑… Ⅱ.①宁… Ⅲ.①遥感技术－应用－沙地
－沙漠化－研究－内蒙古 Ⅳ.①P942.260.73

中国版本图书馆 CIP 数据核字(2021)第 109111 号

责任编辑　郝可伟
封面设计　汪如祥

书　　名　浑善达克沙地沙漠化多源遥感监测
作　　者　宁小莉　张雪峰　朝鲁门　安　妮　刘美萍　刘宏宇　著
出版发行　兰州大学出版社　（地址:兰州市天水南路222号　730000）
电　　话　0931-8912613(总编办公室)　0931-8617156(营销中心)
　　　　　0931-8914298(读者服务部)
网　　址　http://press.lzu.edu.cn
电子信箱　press@lzu.edu.cn
印　　刷　甘肃日报报业集团有限责任公司印务分公司
开　　本　710 mm×1020 mm　1/16
印　　张　16
字　　数　285千
版　　次　2021年6月第1版
印　　次　2021年6月第1次印刷
书　　号　ISBN 978-7-311-05999-6
定　　价　48.00元

前　言

　　沙漠化和干旱已成为全球范围问题。中国是世界上沙漠化面积最大、分布最广、受沙漠化危害最严重的国家之一，全国有近4亿人受到沙漠化的威胁。全国沙漠化土地总面积达263.62×10⁴ km²，占国土面积的1/3。沙漠化已对区域生产、生活和生态安全构成严重威胁，直接影响了地区经济和社会可持续发展。因此，对沙地沙漠化进行遥感动态监测并提出科学、高效的沙地恢复治理措施研究已刻不容缓，关系到21世纪中国经济、社会的可持续发展，具有重大而深远的意义。

　　浑善达克沙地是我国四大沙地之一，地处北方农牧交错带，是我国重点生态功能区，也是我国北方生态屏障的重要组成部分和京津风沙源治理工程的重点区域，治理该地区沙漠化对保障我国北方生态安全、提升区域生态系统服务和生态系统稳定性具有极其重要的作用。该地区沙漠化问题不仅是社会各界广泛关注的焦点，其变化、成因、防治等方面，也是地理学和生态学等学科研究的重点和热点。

　　本研究在充分了解浑善达克沙地自然、社会经济条件的基础上，利用LandsatTM、高分2号及MODIS等多源遥感数据对浑善达克沙地沙漠化进行动态监测，分析浑善达克沙地沙漠化的时空演变规律及驱动机制，并提出了因地制宜的沙漠化治理对策。

　　通过以上研究，力求为决策层的科学决策以及浑善达克沙地生态环境健康、可持续发展提供科学、可靠的依据。

　　本书由宁小莉进行全书统筹设计并撰写了第二章（约1万字）；朝鲁门撰写了第一章、第四章第三节（约4万字）；张雪峰撰写了第四章第一节、第二节、第四节（约3.5万字）；安妮撰写了第五章（约8万字）；刘美萍撰写了第三章、

第六章、第七章（约5万字）；刘宏宇撰写了第八章（约6.5万字）。

本书是内蒙古科技厅应用技术研究与开发资金计划"浑善达克沙地沙漠化多源遥感监测及治理对策研究"（编号201605052）的成果，感谢内蒙古科技厅对本项目的支持！项目在研究及成果出版过程中还得到了包头师范学院科技处、包头师范学院资源与环境学院以及研究团队的大力支持，兰州大学出版社的编辑也给予了热情指导，在此表示衷心感谢！同时对本书参考文献的作者表示衷心感谢！

由于笔者水平有限，本书还存在许多不足之处，敬请广大同行、专家及读者批评指正！

宁小莉

2020 年 5 月于包头

目　录

第一章　沙漠化多源遥感监测国内外研究综述 ·············001

　　1　沙漠化概念 ···································001

　　2　技术监测 ·····································005

　　3　沙漠化遥感监测方法 ·························015

　　4　沙漠化原因研究 ·····························019

　　5　沙漠化危害研究 ·····························021

　　6　沙漠化对策研究 ·····························023

第二章　研究内容与方法 ·······················028

　　1　研究背景与意义 ·····························028

　　2　研究内容与方法 ·····························030

　　3　研究思路及技术路线 ·························032

第三章　浑善达克沙地概况 ·····················034

　　1　地理位置 ·····································034

　　2　自然环境 ·····································035

　　3　社会经济概况 ·······························043

第四章　浑善达克沙地沙漠化时空动态监测 ·······047

　　1　沙漠化分类指标体系及解译标志 ···············049

　　2　基于面向对象方法的浑善达克沙地沙漠化遥感监测 ·······051

    3 浑善达克沙地沙漠化时空动态分析 ··059

    4 Landsat沙漠化监测结果的GF2验证 ···067

第五章 基于遥感估算模型的浑善达克沙地沙漠化监测 ·············083

    1 遥感影像数据的应用 ···083

    2 沙漠化程度等级划分 ···084

    3 基于MODIS数据的浑善达克沙地植被覆盖度遥感监测方法 ·········086

    4 基于MODIS数据的浑善达克沙地叶面积指数遥感监测模型 ·········098

    5 基于MODIS数据的浑善达克沙地植被吸收光合有效辐射遥感监测模型

      研究 ···113

    6 基于MODIS数据的浑善达克沙地植被净第一生产力遥感监测模型研究

      ···127

第六章 浑善达克沙地沙漠化的成因及驱动机制 ·······················154

    1 浑善达克沙地沙漠化的自然因素 ···154

    2 浑善达克沙地沙漠化的人为因素 ···159

    3 浑善达克沙地沙漠化的驱动机制 ···164

第七章 浑善达克沙地沙漠化的防治对策 ·······························171

    1 沙漠化防治的理论基础 ···172

    2 沙漠化防治的原则及对策 ···174

    3 浑善达克沙地沙漠化的防治区划与治理对策 ·····························178

第八章 浑善达克沙地沙漠化遥感监测系统设计与开发 ·············187

    1 开发背景 ···187

    2 开发工具与运行环境 ···188

    3 系统总体设计 ···190

    4 系统数据库设计 ···190

    5 系统功能模块设计 ···192

    6 系统实现与运行 ···244

第一章　沙漠化多源遥感监测 国内外研究综述

1 沙漠化概念

在全球变暖的大趋势下，不同地区呈现不同的沙漠化响应。沙漠化是世界上生态-环境-社会经济问题的问题之一，对人类生存和发展构成严重威胁。沙漠与沙漠化是不同的概念范畴，沙漠与沙漠化的形成时间、成因、景观、发展趋势及整治利用方面都不属于同一范畴。但这不代表沙漠与沙漠化研究没有联系，这两个部分组成一个完整的、以风沙活动为标志的沙漠科学体系。沙漠化是潜在自然因素于历史时期内由人为活动破坏脆弱的生态平衡，使非沙漠景观变成沙漠景观，是各历史阶段遗留的景观。沙漠化主要分布在世界的干旱、半干旱及亚湿润区。较严重的沙漠化，主要分布在非洲和亚洲，其中北美洲约占27%，南美洲约占22%，亚洲约占20%，非洲约占18%，大洋洲约占8%。中国是世界上遭受沙漠化危害严重的国家之一。

沙漠化研究从20世纪初开始已成为一门研究学科，研究学者们对沙漠化的概念也是提出了很多。沙漠化是荒漠化的一种类型，荒漠化还包括风蚀荒漠化。沙漠化和荒漠化都有地域上的特点，都是发生在干旱、半干旱地区以及少数半湿润地区的一种土地退化现象。彼得洛夫在《荒漠自然保护开发及荒漠化问题》一书中，通过对该时期的文献进行综述，发现荒漠化研究中存在以下研究内容：荒漠化研究；荒漠自然资源开发；荒漠自然资源和自然的保护；生态系统的恢复和自然资源的再生产；干旱地区荒漠化过程。他认为荒漠化乃是土地的生产潜力衰退与破坏，最终导致出现类似荒漠景观的生态系统退化过程。

最早出现"沙漠化"一词是在 1927 年 Lavauden 的一篇科学论文中，他使用"Desertification"一词来描述 sahala。1949 年，法国科学家奥布瑞维尔（A. Aubreville）在研究非洲的热带和亚热带森林的稀疏草原更替进展过程中，第一次使用了英文沙漠化（Desertification）一词，但没有明确给出沙漠化的定义。非洲地区的沙漠化越来越严重，这引起了全球科学家的高度重视。10 年之后，即 1959 年，法国科学家 H. Lehoueiou 对沙漠化进行了描述，主要强调沙漠边缘干旱、半干旱地区的人为活动作用。1977 年，在内罗华召开了第一次联合国沙漠化会议（UNCCD）。大会期间试编了 1∶2500 万的世界沙漠化地图，还编制了冬雨地区的突尼斯斯奥拉德马吉德、智利的科金博，夏雨地区的尼日尔阿加德兹和印度的卢尼，水渍和盐渍化地区的伊拉克大摩萨依和巴基斯坦的莫纳等六个典型地区的沙漠化地图。此后，沙漠化研究在学术界成为热点 [1]。1982 年，苏联土库曼斯坦科学院沙漠研究所应用土地类型对沙漠化过程的不同程度及人为因素强度编制了土库曼斯坦沙漠化地图 [2]。1978 年和 1983 年，土库曼斯坦沙漠研究所先后从多学科角度来构建评价指标体系。1984 年，土库曼斯坦沙漠研究所制定的《荒漠化评价与制图方案》从植被退化、荒漠化土地发展速度及内在危险性出发将荒漠化分为弱、中、强和极强 4 个等级 [3]。1992 年 6 月，联合国粮农组织（FAO）和联合国环境规划署（UNEP）在巴西里约热内卢召开的联合国环境与发展大会发布了《21 世纪议程》，并把防治沙漠化列入 21 世纪议程中。1994 年，联合国发布了《联合国防治荒漠化公约》（UNCCD），中国是签约国之一，到 1997 年已有 119 个国家签约。

国外对荒漠化进行研究比我国早，对沙漠化的概念，国外学者们分别提出了不同的想法，A. Rapp 指出，沙漠化是在干旱和半干旱或年平均降水量在 600 mm 以下的半湿润地区，由于人类影响或气候变化，沙漠的扩张过程，强调沙漠的扩张。嘎杜努提出，沙漠化是在人为活动影响下，在干旱、半干旱及一些半湿润地带生态系统发生的一种贫瘠现象，沙漠化是滥用土地的恶果，强调人类土地利用。托尔巴（M. K. Tolba）认为，沙漠化乃是干旱、半干旱及半湿润地区的生态退化过程，包括土地生产力完全丧失或大幅度下降，牧场停止适口生长，旱作物农业歉收，由于盐渍化和其他的原因，使水浇地弃耕，强调人类活动。科夫达则认为，地球表面广泛分布着自然形成的沙漠，其分布范围在第四纪时期就已经发生波动，显示出一种普遍增加的倾向，这就是以前的草场、大草原、干草原及冲积平原之自然沙漠化的过程，强调地质年代时间尺度现象。罗札诺夫和佐恩指出，沙漠化是干旱土地的土壤和植被向着干旱化和生物生产力衰退的方向发生不可逆变化的自然或人为过程。在极端情况下，这种过程可能导致生产力的完全破坏，并使土地转化为沙漠，强调沙漠化的不可逆性。H. E. Dregne 对沙漠化的定义和嘎杜努的定义十分相似，认为沙漠化是在人为影响下引起的土地生态系统的贫瘠化过程。但是他认为干旱不会引起沙漠化，但会恶化干旱土地维持生产的管理条件。

第一次联合国沙漠化会议上沙漠化的概念：沙漠化是土地生物资源的退化和破坏，最终导致类似沙漠的情景。它使生态系统普遍恶化，削弱或破坏生物的潜力，即破坏支持人类寻求发展和满足日益增长的人口需要中具有多种用途的动植物生产能力。

国外沙漠化的概念是从人类活动、沙漠的扩张、土地利用、时间尺度、过程等方面进行描述。

国内的沙漠化研究也随着国外研究步伐于1977年开始进行大量的研究。沙漠化是荒漠化的一部分内容。在改革开放前，我国一直没有使用过"荒漠化"这一概念，与其相应的只是"土地沙化"一词。1977年联合国荒漠化会议以后，我国的有关科研机构及生产部门对这一土地退化问题逐渐重视起来。我国对荒漠化研究就其内容来讲，可以追溯到二十世纪三四十年代，如特殊地区的水土保持等。中华人民共和国成立以后，荒漠化治理的需要对沙漠的科学研究提出了许多要求，如沙漠物质来源、风沙运动规律、沙漠的自然特征和自然资源及各种治理沙漠的措施等等，推动了沙漠研究逐步发展起来。1949年左右，主要的研究是根据局部地区营造防风固沙林带，开展了有关沙丘及在沙丘上固沙造林的研究。20世纪50年代到20世纪60年代，是荒漠化研究大发展阶段，研究内容包括沙区自然条件、自然资源、历史时期沙漠的变化、沙丘特征及风沙运动规律，方法上采用野外考察和判读国外利用卫星遥感进行荒漠化监测的航片。

国内沙漠化研究从20世纪50年代末到20世纪70年代是以沙漠化的格局研究为主，其标志是汇编出《中国北方沙漠与沙漠化土地现状图（1∶25万）》。

进入20世纪80年代，多波段、多时相的遥感数据被广泛应用于荒漠化监测、植被图及土地利用图的制作，这一时期，主要是结合荒漠化地表及荒漠植被的光谱特征实验进行目视判读。20世纪80年代开始使用国外的遥感影像进行沙漠化的资源调查与沙漠化动态监测研究。主要使用植被覆盖度与目视解译方法来编制沙漠化专题图与对沙漠化进行分析。中国科学院自然资源综合考察委员会应用遥感方法，对全国土地资源进行监测，编制了《1∶100万土地资源图》。

20世纪90年代以来，遥感数据资源更加丰富，方法日益趋向成熟，常用的遥感数据有美国的、法国的、印度的。目视判读仍是荒漠化研究和动态分析的主要手段，与以前不同的是研究的内容更加广泛，开始考虑地形起伏、沟谷信息在荒漠化分类、分级中的作用等。我国沙质荒漠化监测研究始于20世纪90年代初期，众多学者对此进行了探索并应用于具体沙质荒漠化遥感监测的实践。1990以后，开始应用遥感影像等辅助材料研究沙漠化过程。20世纪90年代至今，随着遥感数据资源的丰富及遥感技术的迅速发展，Landsat TM/MSS、MODIS、NOAA/AVHRR等卫星数据在沙漠化的研究中广泛应用，并且多空间尺度与长时间序列的研究增多，基于多源遥感数据的沙漠化监测成为当前研究的热点。长期以来，中国对防治沙漠化方面做了很多工作，1994年签署了《联合国防治荒漠化公约（UNCCD）》，此后，我国对沙漠化治理制定了多项政策。

进入21世纪，大量的沙漠化治理政策被执行。2002年1月1日开始施行的《中华人民共和国防沙治沙法》是为预防土地沙化、治理沙化土地、维护生态安全、促进经济和社会的可持续发展而制定。此外，还开展了国家工程，如"三北"防护林工程、"退耕还林（草）"工程、"生态环境建设"工程等，都取得了较好的成绩。当然，这些成绩的取得主要是使用遥感监测技术以及野外调查的手段来完成的。

随着以上时间顺序的沙漠化研究的发展，研究者分别提出沙漠化概念。1959年，中国科学院治沙队（即现今的中国科学院兰州沙漠研究所）成立，其所研究沙漠化的标志性人物是朱震达先生，他认为沙漠化是干旱、半干旱和部分半湿润地区，在具有一定的沙质基础和干旱、大风动力条件下，由于过度人为活动与资源、环境不相协调所产生的一种以风沙活动为主要标志的环境或土地退化过程[4]。吴正概括为，沙漠化是在干旱、半干旱和部分半湿润地区，由于自然因素和人类活动的影响引起生态系统的破坏，使原非沙漠的地区出现了以风沙活动为主要标志的类似沙漠景观的环境变化过程，以及在沙漠地区发生了沙漠环境条件的强化与扩张过程，简言之，亦即沙漠形成演化。杨根生等（1986）提出，沙漠化是在具有沙物质分布的干旱、半干旱及部分半湿润地区，不同时间尺度下，以风为动力参与其他条件作用的一系列气候地貌过程。董光荣认为，沙漠化是原非沙漠地区出现以风沙活动为主要标志的类似沙漠景观的环境变化以及原系沙漠地区环境条件的强化与扩张过程。董玉祥（2001）参照联合国的荒漠化定义认为，沙漠化是在干旱、半干旱和亚湿润干旱地区内由于气候变化与人类活动等因素作用下所产生的一种以风沙活动为主要标志的土地退化[5]。陈广庭（2002）认为，沙漠化是人类不合理的经济活动改变地面结构和覆被状况，使风对土地风蚀，产生风沙活动，地面出现风蚀和风积物，景观类似沙漠的变化。王涛（2003）认为，沙漠化是指干旱、半干旱及部分半湿润地区由于人地关系不相协调所造成的以风沙活动为主要标志的土地退化过程。李祥余（2005）认为，沙漠化是在极端干旱、干旱、半干旱和部分半湿润地区的沙质地表条件下，由于自然因素或人为活动的影响，破坏了自然脆弱的生态系统平衡，出现了以风沙活动为主要标志，并逐步形成风蚀、风积地貌景观的土地退化过程，使原来不具备沙漠景观的地区出现了类似沙漠景观的环境变化。

国内研究者将沙漠化从土地退化、自然因素和人类活动、时间尺度、人类不合理的经济活动等方面进行了描述，更注重人类活动引起的过程。从国内外的研究来看，人为不合理活动是沙漠化形成及恶化的主要原因。

2 技术监测

全球气候变暖、人类人口的继续增多、人类活动类型多样化和沙漠化发展过程的历史原因以及各影响因素相互作用的复杂形势下，对沙漠化进行定量监测，从而对其某段时期的沙漠化动态变化进行分析，可以为国家及地区的土地沙漠化防治工作提供重要的科学数据依据，也是一种时间上快、人力物力上省的手段。

遥感具有不接触地物、可以观测大范围的面积、获取的影像信息量多、数据获取简单、数据更新快、时空分辨率高等优点。20世纪60年代末，加拿大科学家、世界GIS之父——罗杰·汤姆林森，最先提出"地理信息系统"这个概念，卫星发射之前，以热气球上安装相机等方法获取航空相片，由于环境以及设备等原因，没能广泛地应用。

Tucker（1991）等根据归一化差异植被指数推算降水量以推断撒哈拉沙漠的进退等在撒哈拉地区应用，对深井周围沙漠化进行了评价。Gillies（1995）、Gillies和Carlson（1997）等利用可见光与热红波段的遥感数据计算植被覆盖率、土壤湿度和地表蒸散发。他们提出的"三角形方法"能够将这些地表参数变化的轨迹在植被指数（NDVI）和地表辐射温度（LST）组成的特征空间中得到直观的描述，并提出土地覆盖变化监测的定量指标。Saiko（2000）等对世界上最严重的灾区之一——咸海地区的土地沙漠化进行了动态监测，并分析了其成因。Rasmussen（2001）等对非洲布基纳法索北部1985—1994年的植被发展的趋势进行了分析，进而分析了该地区的沙漠化逆转情况。Portnov（2004）等对巴勒斯坦南部内盖夫地区防治荒漠化途径进行了探讨。Wessels（2012）等利用遥感植被指数数据，结合线性分析与非参数趋势检验法对非洲南部地区土地沙漠化程度进行监测与模拟，并通过该研究提供了一种基于遥感数据评价土地沙漠化敏感性的方法[6]。Karnieli等（2014）对中国毛乌素沙地的土地利用状况进行了时空动态分析。

潘存军（2005）利用遥感与地理信息系统技术对新疆维吾尔自治区的尉犁县沙漠化土地进行了遥感调查。刘爱霞等（2007）基于低空间分辨率的遥感数据对我国1995年和2001年的荒漠化动态变化状况进行分析，成功进行了整个国家大尺度的荒漠化遥感监测。郭坚等（2009）利用呼伦贝尔草原4个时期的遥感影像对沙漠化土地动态变化过程进行了研究[7]。胡梦珺等（2017）基于遥感技术以及地理信息系统空间分析技术，利用多期Landsat遥感数据对玛曲高原的沙漠化土地时空演变规律进行了研究。丁雪（2018）基于NDVI等多源数据与GIS、敏感性分析方法研究1981—2010年内蒙古沙漠化演化对区域生态系统服务价值的影响中指出，1981—2010年，内蒙古地区沙漠化面积净增加$6.92 \times 10^4\ km^2$，沙漠化逆转区域分布在内蒙古西南部的鄂尔多斯与阿拉善，沙漠化发展区域分布在中北部的科尔沁和浑善达克，沙漠化造成的生态系统服务价值损失比例为23.7%。樊胜岳（2019）应用STIRPAT模型以内蒙古71个沙漠化县为研究对象，对沙漠化地区的环境压力进行了分析，结果表明富裕度每增加1%，环境压力显著增加0.096%；技术水平每变化1%，将引起环境压力相应发生0.084%的变化；风速和降水每变动1%，沙漠化地区环境压力分别显著地增加0.640%和减少0.216%[8]。阿如旱等（2019）以1960年、1975年、1987年、1995年、2000年、2005年的土地沙漠化矢量数据及2010年、2015年的遥感影像、地形图为数据来源，运用地理信息系统软件提取8时期土地沙漠化空间信息，选取海拔高度、年均气温、降水量、平均风速、牲畜数量、第一产业、居民点距离等统计数据，应用Logistic回归模型定量分析了土地沙漠化动力机制[9]。

2.1　单源遥感监测

从20世纪70年代开始卫星的陆续发射到能接受影像，遥感逐渐在土地沙漠化监测与评估中起到重要的作用。其中沙漠化监测中应用最多的遥感影像是陆地卫星系列Landsat影像，还有MODIS影像、ASTER影像等。

遥感监测是以遥感技术作为一种手段，提取所需的信息，应用范围主要有：沙漠化；大气；水质变化；土壤侵蚀；海洋油污染事故调查；城市热环境及水域热污染调查；城市绿地、景观和环境背景调查；生态环境调查监测等。遥感监测具有可以进行大面积的同步观测、时间序列监测，数据具有概括性和可比性、经济性等特点，能节省物力、人力。研究者利用遥感监测的以上特点在大尺度全球、国家以及小区域特定研究区研究及分析沙漠化动态变化、敏感性、驱动因子等，给各决策部门提供沙漠化防治科学依据，因此遥感监测沙漠化在全球范围之内使用较多。遥感监测是指使用不同的卫星从影像上获取所需的信息。

从20世纪60年代开始航片的使用，到20世纪80年代的卫星影像的获取，都为沙漠化监测研究提供了省力、快速、精确的研究手段。只用单个类型的卫星影像的研究也较多，发展也较快。

（1）国外单源遥感监测研究

Hanan（1991）采用美国 NOAA-AVHRR 遥感数据，通过计算 Sahel 地区 NDVI 累计值与生物量的关系，提出了生物量变化与沙漠化的关系。PalmerA. R（1998）等人利用 Landsat TM 数据对非洲南部 Kalahali 地区 1989—1994 年土地利用和植被变化进行了动态监测，从而探讨沙漠化过程。Helldén（2008）等以 NOAA-AVHRR 卫星影像为数据源，基于全球长时间年序列 NDVI 数据，使用最小二乘法对比分析区域降水数据，对地中海地区、萨赫勒地区、南非地区、中国内蒙古地区、南美地区等世界主要沙漠化地区进行评价及其分析，结果表明，对干旱区域进行植被趋势分析在沙漠化监测与评价方面是可靠的。Lamchin（2016）等利用 Landsat TM/ETM 数据，基于 NDVI（归一化植被指数）、TGSI（表层粒径指数）、地表反照度指数对蒙古国 Hogno Khaan 保护区地表覆被及土地沙漠化程度进行评价，结果表明，该区域近十年土地沙漠化程度显著增加。Javier Tomasellaa（2018）利用 MODIS 250 m 的数据通过 DI 指数和木质植被生物量指数（WVBI）研究巴西 2000—2016 年的贫瘠土地的沙漠化情况，结果表明，研究期土地退化面积增加，卡廷加草原最为严重，与 2001 年以后的极干旱有关[10]。

（2）国内单源遥感监测研究

吴薇（1997）利用 1987 年和 1993 年的 Landsat TM 数据对毛乌素沙地沙漠化面积进行提取，并对变化进行了分析[11]。董建林等（2002）在野外调查的基础上，利用 Landsat TM 影像对呼伦贝尔的土地沙漠化状况进行了动态监测。封建民等（2004）对 1990 年和 2000 年这两期 Landsat TM 影像进行遥感解译，研究了青海省玛多县沙漠化土地的现状及其发展趋势。王涛（2004）基于 Landsat TM 数据，采用遥感与地理信息系统、计算机模拟等手段，以及理论与实验相结合、定性与定量相结合，研究了中国北方过去近 50 年的沙漠化，结果表明，沙漠化主要分布在农牧交错带及其以北的草原牧业带、半干旱农业带和绿洲灌溉农业与荒漠过渡带，20 世纪 50 年代后期到 21 世纪沙漠化加速发展，2000 年沙漠化土地达到 38.57×10⁴ km²，呈整体恶化、局部治理的发展趋势[12]。杨思全等（2005）利用 Landsat TM 遥感影像，基于遥感和地理信息系统技术对毛乌素沙地土地沙漠化演变与土地利用变化过程进行了遥感反演。曾永年等（2006）以黄河源区为研究区，应用2000年的 Landsat ETM⁺数据，利用不同沙漠化土地对植被指数和地表反照率有非常强的负相关性来区分不同沙漠化程度，还提出了 Albedo-NDVI 特征空间的概念及模型，即沙漠化遥感监测差值指数模型（DDI）[13]。刘树林等（2007）利用 Landsat TM/ETM⁺遥感影像，采用室内分析与野外实验相结合的方法，对我国浑善达克沙地的土地沙漠化过程进行了研究。刘同海等（2009）应用 Landsat TM 影像采用多波段图像处理中的波段运算方法，假彩色合成以及相关增强方法对沙漠化信息进行了增强处理。汪爱华等（2010）利用北京 1 号小卫星数据，对中国八大沙漠以及四大沙地的沙漠化土地分布状况进行了系统研究。张慧超（2011）利用1987年和2006年两期 Landsat TM 影像对青海省环青海湖地区沙漠化土地的变化信息进行了研究。王涛（2011）应用 Landsat MSS 与 TM/ETM 等遥感数据分析了1975—2010年的沙漠化发展趋势，空间上沙漠化发展和逆转发生的区域主要在半干旱地区的农牧交错带。李诚志（2012）使用 MODIS-NDVI 的像元二分模型反演植被覆盖度反演了沙漠化监测，利用灰色 GM（1，1）预测模型对沙漠化变化的关键因子 NDVI 进行了预测，并对新疆2012年、2013年、2014年、2015年、2020年的 NDVI 进行了预测，利用沙漠化栅格累加预警模型对2012年、2013年、2014年、2015年、2020年的沙漠化状态进行了预警，再运用 GIS 技术、WEBGIS 技术和 .NET 技术构建了新疆沙漠化监测与预警系统。王小军（2013）基于遥感和地理信息系统技术，利用2004—2009年的 Landsat TM 和 Landsat ETM 遥感数据及地形等资料，对甘肃省沙漠化土地面积、程度、类型及其驱动力因素进行了分析。韦振锋等（2014）以长时间序列的 SPOT NDVI 遥感数据为基础，选取植被降水利用率作为评价指标，对陕甘宁黄土高原区 1999—2010 年区域荒漠化动态发展进行评价，并讨论了人类活动在荒漠化进程中的作用，探讨了荒漠化逆转问题，结果显示，陕甘宁大部分地区植被功能显著增强，区域生态环境状况有所好转。常慧等（2014）以 Landsat TM 遥感数据为信息源，基于遥感目视解译，分析了共和盆地近 10 年土地沙漠化的时空变化规律，结果表明，该区域通过不断的治理与整治，沙漠化趋势在减小。

　　近5年国内单源遥感监测研究也较多，如钱大文等（2015）以 Landsat MSS/TM/ETM⁺影像为遥感数据源，运用土地动态度、重心转移、景观格局等分析方法研究了近 35 年黑河中游流域荒漠化时空演变及景观格局变化情况。Zhang 等（2015）利用 1990 年、2001 年、2007 年和 2010 年四期 Landsat TM/ETM 数据，并结合区域经济数据与气象数据，对新疆西部艾比湖地区土地沙漠化进行了评价，结果表明，气象因素在该地区土地沙漠化进程中起到主要作用。康文平等（2016）利用 MODIS 数据，采用决策树分类法提取沙漠化土地信息，并对其程度进行了分析[14]。王永芳（2016）应用 Landsat TM 影像对科尔沁沙地的奈曼旗1980—2013的沙漠化变化进行了分析，结果显示，逆转-发展-逆转，并对沙漠化灾害进行了风险评价[15]。康文平等（2016）应用MODIS时间序列数据，反演时间序列的沙漠化监测指标，得出 2000—2014年毛乌素沙地及阴山北麓的农牧交错区等地区呈现相对稳定逆转的态势，而浑善达克沙地中西部等部分地区沙漠化土地变化较不稳定，近5年仍呈现恶化的态势。

最近5年里，单源遥感监测沙漠化不像以前那么多，这也表明多源遥感监测是今后沙漠化监测的趋势。

2.2　多源遥感监测

沙漠化研究比沙漠化多源遥感监测时间长一些，沙漠化研究发展历史大概有90年，沙漠化多源遥感监测大概有50多年的历史。

随着遥感技术的发展，光学、热红外和微波等大量不同卫星传感器对地观测的应用，获取的同一地区的多种遥感影像数据（多时相、多光谱、多传感器、多平台和多分辨率）越来越多，这便是所说的多源遥感。与单源遥感影像数据相比，多源遥感影像数据所提供的信息具有冗余性、互补性和合作性。多源遥感监测是指应用两种以上不同类型的遥感影像对研究所需的问题进行监测，是利用不同类型遥感数据源（即中、高、低空间分辨率遥感数据以及多光谱数据）。监测时间可以是单期的也可以是多期的。单期遥感监测能提取各等级沙漠化面积，多期遥感监测能研究多时期间的各等级沙漠化的面积以及变化，也就是说，使用数学方法对各等级沙漠化的面积变化进行计算，即沙漠化土地转移矩阵，还有空间上的变化。

遥感数据在多源遥感监测中有 Landsat MSS、TM/ETM 数据与 ASTER 数据的结合，MODIS、Landsat TM 与高分1号数据的互相验证，Landsat TM 和 ALOS 数据的结合，AVHRR 和 MODIS 数据的结合，Landsat TM/ETM 和 CBERS 数据的结合，Spot 和 Landsat TM 数据的结合，Landsat TM、IRS-P5 和 SAR 数据的结合，Landsat TM 和 ETM⁺数据的结合，RapidEYE 和 QuickBird 数据的结合等。多源遥感监测研究领域较多。

多源遥感影像要与基础数据进行对比分析的话，首先对各遥感影像进行镶嵌、裁剪、几何精纠正和波段合成等处理，选取不同数据源影像合成的波段，如 Landsat TM 的 5、4、3，ASTER 的 4、3、2，处理后与基础数据同比例尺的遥感影像进行几何纠正，处理后的影像进行反射率、植被覆盖度等遥感地表参数反演，结合沙漠化土地分类体系进行密度分割，完成沙漠化土地的分类信息提取，基于 GPS（RTK）技术来获取的野外定点数据与室内的分类数据进行验证和修正。在使用高分影像验证时，GF-2 影像在沙地区域对影像进行融合时选择 HSV 融合能对沙地区域的目视解译等工作提供清晰的空间和光谱分辨率影像数据[16]，编制出各时期的沙漠化专题图，对时空变化进行分析以及结合自然因素和社会因素对沙漠化变化的驱动机制进行分析。遥感影像数据处理时必须借助影像处理软件，多源遥感监测时使用 ENVI、Arcgis、Erdas、Ecogition 等地理信息软件。

多源遥感监测应用领域广泛，如多源遥感数据在耕地质量监测与评价中的应用，长时间序列多源遥感数据在森林干扰监测算法研究中的应用，多源遥感影像在海岸线变迁分析中的应用，多源遥感影像在不透水面提取中的应用，多源遥感信息在环保监测中的应用，多源遥感影像在冰川信息提取方法研究中的应用，多源遥感数据在地质构造信息提取研究中的应用，多源遥感数据在旱情评价研究中的应用，多源遥感数据在湖泊变化遥感监测及其对气候变化的响应研究中的应用，多源遥感数据在暴雨灾情时空动态信息提取中的应用，多源遥感数据在城市热岛研究中的应用等，在地球上能研究的领域都可以用多源遥感监测手段去研究，而且研究角度及课题都比较新颖，多源遥感数据沙漠化监测是研究者比较关注的研究课题。多源遥感监测是从多视角去研究关注的科学问题及进行多方面验证。

应用多源遥感监测研究的领域较广泛。以基于多源遥感的耕地质量监测与评价为例，利用不同类型遥感数据源，可以满足不同监测与评价范围、内容、目标等要求，实现全国、省级、市级、县级甚至田块级等不同尺度耕地质量监测与定量评价。其中，中低空间分辨率遥感数据适用于监测与评价全国或大区域范围，高空间分辨率遥感数据主要用来监测县域或田间地块范围。基于高空间分辨率影像可以提取耕地质量监测与评价的指标与对象，如田间道路、农田林网、田块形状、沟渠及机井等田间设施。多光谱与高光谱遥感影像可定量化反演耕地质量部分指标因子。而不同成像周期的遥感影像可满足各类指标不同的监测与评价周期需求。充分利用多源遥感数据，可以构建近地-航空-航天遥感一体化的遥感支撑技术体系，与传统的实地调查相结合，进而构建耕地质量监测与评价技术体系。

多源遥感在各研究领域也发挥着它的优势。如 J. Hill、J. Megier 和 W. Mehl

（1995）以地中海地区为例，利用线性光谱混合模拟将 AVIRIS 和 Landsat TM 图像差异明显的进行分组，根据各组分角度分析，比较准确地进行植被盖度分析。琚存勇（2009）将 SPOT 5 与 Landsat TM 影像数据融合以后，使用监督分类、缨帽变换的湿度指数与绿度指数等指标提取了荒漠化信息。丛利民（2009）以内蒙古西部朱拉扎嘎金矿为例，利用航空遥感 Landsat ETM⁺数据和 ASTER 数据分别提取褐铁矿化蚀变异常，将提取结果与地质特征、地球化学特征进行了对比分析。张建生（2009）应用 1999 年 Landsat TM、2002 年 Landsat ETM 和 2004 年 ASTER 等 3 期夏季多源、多时相遥感数据，对塔里木河下游地区应急输水前、后的沙漠化进行了动态监测和定量分析，给塔里木河下游地区长期的沙漠化治理、水资源分配、区域生态环境恢复及经济可持续发展提供了科学依据。孟翔冲（2012）利用蒙古国 Landsat TM/ETM 及 CBERS 数据，通过人机交互解译方法提取蒙古国沙地荒漠化的时空动态变化、转移矩阵、动态度、变化强度等，结合我国北方农牧交错带沙地荒漠化的解译数据变化情况、当地沙尘暴天气分布规律以及气候地形等要素来探明境外沙漠化对我国沙漠化影响程度。Schucknecht 等（2013）利用 AVHRR 和 MODIS-NDVI 数据对研究区的荒漠化状况进行了研究。King 等（2014）利用 Landsat TM 以及 AVHRR 遥感数据对撒哈拉东北部的灌溉绿洲区域的环境变化及土地盐碱化进行了监测。董淼等（2014）利用 Landsat TM 和 ALOS 数据，采用监督分类方法对渭干河、库车河三角洲绿洲的荒漠化状况进行了研究，并探讨了其发展趋势。

　　近 5 年的各个领域的多源遥感监测研究有：杨佳佳（2015）基于 Landsat ETM⁺遥感数据解译研究区地质构造，利用 ASTER 数据，采用光谱角填图法（SAM）提取矿化蚀变信息[17]。金秀良（2015）使用环境卫星和 RADARSAT-2 影像数据构建新的光学-雷达整合植被指数，对冬小麦的冠层覆盖度和生物量进行了估算。张景发等（2018）利用地震前后的航片、KH 卫星图像、美国陆地资源卫星 MSS 图像，基于信息熵的相关性分析确定各村镇建筑的破坏程度，结合地震后的资料，基于插值法获得了地震烈度分布区域，与实地调查结果形态接近，从而对 1976 年 Ms7.8 唐山大地震烈度区进行了判定。张锴等（2018）利用陕西省的 2000 年、2005 年、2019 年 3 期 DMSP/OLS 数据及 2015 年的 NPP/VIIRS 数据，结合 MODIS 等多源数据构建了精确度高的 EANTLI 指数模型，对陕西省 2000—2015 年城市扩展进程了反演，并对西安市城市扩展的细节特征进行了分析。高文明（2018）在兴延高速公路工程勘测中提出了一种综合应用机载激光雷达与卫星影像的技术方法，充分发挥多源遥感数据在地物判读和地形采集中的优势，大大减少了外业工作量。易维（2018）以 4 种国产卫星影像作为数据源，提出区分指数和确定度指数分析火烧迹地与林地在不同影像中的区分程度，并利用NDVI多阈值和混合像元分解方法分别提取火烧迹地面积。张鸿生（2018）应用SAR卫星数据，分别与光学卫星SPOT-5数据进行特征级融合，并对城市不透水面提取的效果进行了分析。柯丽娜（2018）以1991年、1995年、2000年的Landsat TM影像，2005年的SPOT卫星影像和2010年的环境卫星HJ-1CCD影像及2014年SPOT遥感影像为主要数据源，构建了基于元胞自动机模型（CA）的岸线提取方法，并对锦州湾附近海域的围填海分布、强度指数、质心坐标及其利用情况等方面进行了深入分析。高伟（2018）采用数据协同的方式进行洪涝淹没范围时序监测分析，以重现淹没情形，反映灾情特征，其中MODIS地表反射率产品和DFO达特茅斯洪水数据库能够实现淹没的宏观动态监测；由同期高分辨率遥感影像水体提取结果以空间差值的计算方式求取的淹没范围则能反映淹没的空间变化和细节特征。苏亚丽（2018）利用多源卫星遥感研究了暴雨灾情时空动态信息的提取。陈国茜（2018）利用FY3/VIRR、NOAA/AVHRR、EOS/MODIS和NPP/VIIRS进行了高寒草原火灾过程实时动态监测，并提取了灾后过火面积。李慧颖（2018）以多源遥感影像Landsat MSS/TM/ET$^+$、ZY-3为数据源，应用面向对象的遥感影像分类方法，获取5期森林景观和其他景观类型的空间分布数据，分析了1976—2015年期间长吉示范区森林景观变化特征[18]。何柯（2018）利用25 km AMSR-E/AMSR-2（高级微波扫描辐射计）被动微波遥感与1 km MODIS（Moderate Resolution Imaging Spectroradiometer，中分辨率成像光谱仪）光学遥感数据降尺度得逐日1 km土壤水分数据，其与地面站土壤水分数据验证效果优于单一光学MODIS提取逐日1km TVDI温度干旱植被指数与地面土壤水分数据验证效果。张国庆（2018）提出，多源遥感数据的使用为内流区湖泊水量变化及水量平衡整体评估提供了新思路，应用Landsat卫星数据计算湖泊数量与面积，应用MODIS数据计算湖水表面温度变化，结合其他的实测数据（ICESat、CryoSat和SRTM这3种数据），研究了湖泊变化对气候变化的响应[19]。韩惠（2018）利用多源遥感影像（Landsat TM、IRS-P5和SAR）对西昆仑山崇测冰川区的冰川进行信息提取，采用不同分类方法和数据融合方法，分别针对光学影像和微波影像进行处理，提取冰川信息并进行比较分析[20]。罗昆（2018）利用1987年、2000年、2010年和2015年4个时期的多源遥感影像（Landsat TM、ETM，RapidEYE和QuickBird），基于面向对象的信息提取技术，采用密度分割法和二值化合并处理，开展了宁远河口1987—2015年间4个阶段海岸线信息提取，并分析了海岸线时空变化特征、海岸线变迁的影响因素和发展趋势。肖庆锋（2018）应用济南市Landsat-8遥感影像，利用遥感图像处理软件IDL8.5反演2016年济南市的地表温度（LST），得到济南市地表温度空间分布格局；并利用NPP-VIIRS夜间灯光数据提取济南市主要建成区范围及郊区范围，同时利用MODIS 8天温度产品，根据城郊温差法计算得到济南市主要建成区热岛强度信息，探究热岛强度的月及季节变化规律，研究发现白天热岛强度变化规律比较明显，夜间热岛强度比较稳定。同时，利用2016年谷歌影像提取济南市地表水体的分布数据，并采用剖面取样的方法在地表温度分布图上做出样点与其对应地表温度的分布曲线，研究发现水体和绿化植被的存在能显著地减小城市热岛效应。

在"丝绸之路经济带"和"21世纪海上丝绸之路"（即"一带一路"）区域可持续发展生态环境遥感监测中利用多源遥感数据，对2015年"一带一路"区域的生态环境状况进行监测和分析，旨在提供可持续发展目标生态环境遥感监测的本底，主要包括宏观生态系统结构和植被状况、太阳能资源分布、水资源平衡、主要生态环境限制因素对经济走廊建设的影响、主要城市生态环境质量等。监测区域覆盖亚洲、非洲、欧洲和大洋洲的陆上区域。研究结果为生态环境评价与保护提供了有效的决策依据，有助于"一带一路"建设积极推进。多源遥感监测对环境、生态、经济、战略等提供了重要的科学决策依据。多源遥感监测在国家战略、国家及地区决策服务上扮演着不可忽视的角色。

顾名思义，沙漠化作为地理研究的一个领域，利用多源遥感来研究成果也是颇多。

1990年，Guyot和Kharin使用法国SPOT卫星数据和俄罗斯Kosmos卫星数据对非洲撒哈拉地区荒漠化现状进行了评价。于海洋（2007）与吕爱锋（2014）分别利用Landsat TM/MSS数据源和MODIS数据源对青海省沙漠化动态变化进行监测研究，结果均表明青海省沙漠化土地持续扩展。Moridnejad等（2015）利用MODIS卫星遥感数据，使用中东尘埃指数，分析了近期沙漠化地区与尘源点之间的联系，并利用Landsat TM影像的光谱混合分析，得到了伊拉克及其周边地区新的沙漠化等级图。Yan等（2015）基于Landsat TM数据和MODIS数据估算了中国毛乌素沙地2000—2012年生物量信息，并评价了该区生态退化情况，结果表明该区域生物量有增加的趋势。冯莉莉（2017）利用多源遥感数据对我国北方新疆维吾尔自治区、青海省、甘肃省、宁夏回族自治区和内蒙古自治区等五个沙漠化典型区沙漠化土地的时空演变状况进行了遥感监测，并分析了其驱动力因素，应用MODIS09A1反射率数据的1、2波段计算了荒漠化指数（NDVI），结合高分1号数据来获取我国北方的沙漠化土地分布情况，进行了稀疏植被覆盖度的动态监测，比较了Landsat TM估算结果和MODIS估算结果，结果表明，二者相关性较高[21]。李庆（2018）利用野外调查数据、遥感影像和已有成果研究了青藏高原沙漠化土地空间分布及区划，指出沙漠化土地以中度和轻度沙漠化土地为主，重度和极重度沙漠化土地面积仅占沙漠化土地总面积的12.2%，空间上也进行了分析以及进行了区划[22]。赵恒谦等（2019）利用Landsat ETM+数据和Sentinel-2A数据，对北京市通州区2006—2016年的土地利用/植被覆盖和生态环境变化进行了分析，并探讨了其驱动因素。中国近几年应用多源遥感监测如火如荼，但多源遥感监测应用于沙漠化研究有待提升[23]。

多源遥感监测是一个新型的研究手段，前期都在用单种遥感影像去监测并研究。国内外学者在应用多源遥感研究沙漠化动态变化的同时也对其形成与发展、自然及人为因素进行研究，对沙漠化敏感性及其驱动因子进行分析。总而言之，随着20世纪90年代中期《联合国防治沙漠化公约》的签署，沙漠化监测与评价成为沙漠化研究领域的核心内容之一。遥感技术的飞速发展为大尺度定量监测沙漠化的时空演变与动态变化提供了切实可行的技术手段。应用多源遥感数据，在监测评价指标选取、时空演变格局分析、土地沙漠化信息获取、沙漠化驱动因子分析、危险度分析及敏感性分析等方面都取得了重要进展。在多源遥感数据融合方面，目前可免费使用的卫星遥感数据源不多，高空间分辨率的卫星影像数据价格较高，对沙漠化监测评价的空间尺度研究造成了限制。得到一种普适性的沙漠化监测指数是当前研究热点。沙漠化遥感信息提取方面，目视解译是主要应用的方法之一，提取精度高，但是人工投入工作量大，自动提取方法又难以解决"同物异谱"和"异物同谱"等问题，目前尚未见普遍接受的计算机自动对沙漠化土地解译的方法体系。

近几年多源遥感沙地监测在国内研究逐渐变多，但在中国北方研究较少。使用较多的单源遥感影像Landsat TM/ETM+以及MODIS数据，较多对沙漠化面积变化进行分析。北方沙漠化主要分布在农牧交错带及其以北的草原牧业带、半干旱农业带和绿洲灌溉农业与荒漠过渡带，以上都是环境脆弱区，北方沙漠化的发展对北方的生态环境增加了压力，而且严重影响区域经济发展以及人民生活水平的提高。

内蒙古地区的沙漠化研究主要使用单源Landsat TM，使用时间序列MODIS影像数据进行研究的较多，研究区较多为毛乌素沙地、浑善达克沙地。内蒙古地区的沙漠化局部地区有沙漠化逆转的现象，但局部地区还在继续扩大沙漠化，人们的生活还受沙漠化的危害。内蒙古地区的沙漠化研究一直在进行，今后也会进行，因为现有的沙漠以及草原地区、农牧交错地区的环境较脆弱，不注重环境保护，就会变成沙漠以及沙漠化面积增加，内蒙古高校也在准备建立生态文明研究院等。内蒙古地区应用多源遥感研究沙漠化以及其他研究甚少。

3 沙漠化遥感监测方法

监测中使用较多的遥感数据有陆地系列卫星 Landsat MSS、TM/ETM、SPOT 数据，对地观测卫星 EOS-MODIS、ASTER 数据，气象系列卫星 NOAA/AVHRR 数据，商用卫星 Quickbird 高分数据等。使用较多的遥感监测方法有目视解译、自动分类、沙漠化指数、决策树分类和神经网络分类等。遥感监测沙漠化主要可以分为两大类：一是直接利用遥感影像目视解译和计算机分类；二是利用已知数据建立模型反演沙漠化状况，例如利用干旱状况、植被覆盖状况、地表温度等参数反演或建模。目前沙漠化遥感监测中，以目视解译或者自动分类为主要方法手段提取沙漠化信息、沙漠化现状以及两期或者几期的沙漠化动态变化分析与对其进行评价、完成沙漠化的监测与制图。目视解译受人的主观因素影响，而且效率较低。遥感图像自动分类方法在分类精度上受到一定的限制，如"同物异谱"和"异物同谱"对分类进行误导。各项研究表明，沙漠化监测已经不局限于传统做法，现在技术遥感成为沙漠化监测的重要辅助手段。"3S"等新技术已经被广泛应用到沙漠化研究当中，遥感监测技术替代了传统的沙漠化监测方式，在时间、人力、物力等方面做出了很大的贡献。

在50多年的发展历史中，遥感监测方法也蓬勃地发展，能获取沙地信息的遥感监测方法有目视解译、自动分类、沙漠化（监测差值）指数、决策树分类、神经网络分类等。

3.1 目视解译

遥感图像目视解译主要是研究者通过应用软件对影像进行人眼的判读。目视解译判别物体是根据地物的色调、颜色、阴影、形状、纹理、大小、位置、图形以及相关布局等特点以及经验来完成。不同时期使用同一标准，同一体系下做动态分析，能有效避免不同时期数据库标准和体系不同所引起的误差，提高动态分析的精度、可比性和可靠性，为后续的沙漠化时空变化分析、沙漠化敏感性分析、驱动因子分析等沙漠化防治工作提供有力支撑。

Alfredo D. Collado 等（2002）应用1982年和1992年的 Landsat 影像进行了潜在沙漠化的监测研究，对水体和沙地分别进行解译，混合部的土地利用类型用了雨水和土地利用模型[24]。高志海（2002）应用 Landsat TM 影像，建立 Landsat TM 影像目视解译标志，借助 ARCINFO 软件进行图像判读、编制专题图和统计各类荒漠化信息数据，研究结果表明武威市荒漠化十分严重，荒漠化面积为 $217.07×10^4 hm^2$，占武威市总面积的83.33%[25]。赵小敏（2003）等应用 Landsat TM 影像数据提取鄱阳湖地区沙地资源信息，采用目视解译结合野外调查数据获得了鄱阳湖地区沙地信息的动态变化，得出1999年鄱阳湖地区的沙地面积比1991年减少了 $142.9 km^2$。银山（2010）在进行浑善达克沙地荒漠化动态研究时指出，用 EOS-MODIS 遥感数据计算的归一化植被指数（NDVI）和植被覆盖度（PV）来反演求得的荒漠化指数（DI）结果与 Landsat TM 遥感目视解译荒漠化的结果一致。樊亚辉（2011）应用遥感与地理信息系统技术，以1990年、2001年和2007年 Landsat TM、ETM+ 影像为信息源，建立了目视解译标志，对艾比湖地区1990—2007年沙漠化动态变化进行了监测，结果表明，沙漠化呈现加速的趋势，整个区域的生态环境在继续恶化。

3.2 自动分类

自动分类分为监督分类和非监督分类。

（1）监督分类

在实践中常用的是监督分类的最大似然法。它的前提条件是：基于通过对主体级别矢量平均值和方差矩阵的运算，最终给原先设定主体级别的每个像素一个归属，不同灰度值的像素将被划分为不同的级别，进而自动计算出沙漠化土地的面积变化。用计算机自动分类后采用样本点进行精度验证是必需的。

S. Lanjeri（2001）应用最大似然法对西班牙中部沙漠化灾害区的多时相遥感影像进行了生物量的监测[26]。毛晓丽（2007）对研究区（毛乌素沙漠南部边缘的定边县的8个乡）应用监督分类法进行土地荒漠化动态研究，对结果也进行了验证，验证结果为86%。邹孝（2011）以 MODIS-NDVI 时间序列影像为基础，应用 DEM 数据及研究区1∶400万土地利用矢量数据，采用监督分类的方法，对西藏高原进行了沙漠化土地利用解译，西藏高原沙漠化土地面积为 $227034.65 km^2$，占全区土地面积的18.91%，程度以中度和轻度为主，主要分布在阿里地区、那曲地区和日喀则地区。曹杨（2015）等以农、林、牧生态交错脆弱带毛乌素沙地为研究对象，基于 CBERS 和 TM 遥感数据，应用最大似然法获取2000年、2006年以及2013年间的毛乌素沙地的演化过程，应用最大似然法研究沙地类型得到的总精度最大，在86.21%以上。孙天天（2018）利用1995年和2015年2个时段的 Landsat TM 影像数据，使用最大似然法和目视解译相结合进行监督分类，对吐鲁番地区的沙漠化土地进行了分析研究。

（2）非监督分类

非监督分类法利用 Landsat TM 数据，图像数字化、镶嵌、几何精纠正，实际应用中使用非监督分类法中的 ISODATA 法，确定要使用的通道、确定光谱分级的数值、通过群运算把像素编入光谱级、建立光谱级与主体分级之间的关系、汇总光谱级别，同样计算机自动分类的用野外实地检验或利用航空相片及其他影像进行检验，输出沙漠化监测专题图和统计数据。

刘文敬（2005）研究内蒙古草地沙漠化遥感监测图像自动分类方法中指出，对不同分区进行非监督分类后根据地面状况确定非监督分类初次分类数以及参考 2004 年目视解译结果确定自动分类冲编码方式，分类精度达到 60%～70%。闫峰（2013）等以北方农牧交错带上的毛乌素沙地作为研究区，利用 1977—2010 年 Landsat 数据，运用决策树和 ISODATA 非监督分类快速实现了荒漠化地区地物遥感解译，图像总分类精度大于 87.28%。

3.3　沙漠化（监测差值）指数

沙漠化（监测差值）指数是根据沙漠化对地表物理特征的影响，建立沙漠化过程与地表生物物理特征之间定量关系的特征值。

Monia Santini 等（2010）应用 Arcgis 软件计算沙漠化指数（IDI）（包括六个因素）来计算意大利的萨丁尼亚岛的沙漠化风险指数[27]。Thomas P. Higginbottom 等（2014）在研究中使用 30 年的植被指数，该方法能很好地说明沙漠化和土地退化对生态稳定和变化，是有意义的方法[28]。曾永年（2005）利用野外沙漠化调查的定位数据和 Landsat ETM⁺遥感数据，在实验分析的基础上，探索了沙漠化程度与地表参数之间的定量关系，沙漠化与 NDVI、LST 之间的关系指数——沙漠化遥感监测差值指数（DDI），算出不同沙漠化 DDI 值，并提出了有效的定量化方法。毋兆鹏（2014）等利用 1990 年和 2011 年 Landsat TM 5 影像数据以及荒漠化差值指数（DDI）构建下的反照率（Albedo）-植被指数（NDVI）特征空间研究了精河流域荒漠化[29]。岳辉（2017）研究陕西省干旱与荒漠化遥感监测，以 2000—2016 年 MODIS NDVI 和地表反照度数据为基础，计算荒漠化差值指数（DDI），利用气象站点实测 10 cm 土壤湿度数据进行相关性验证，并利用 DDI 分析 17 年间陕西省荒漠化和旱情的时空分布特征和规律[30]。

3.4　决策树分类

遥感影像是根据地物的光谱反射特性来形成的，由于成像过程中受到诸多因素的干扰和影响，会出现同物异谱和异物同谱现象。因此，单纯地利用光谱反射性，会存在分类的混淆和错误。因此，使用数学统计方法来进行分类是比较合理的。决策树是遥感图像分类中的一种分层次处理结构，适用于下垫面地物复杂并模糊的状况。应用决策树分类方法的例子有很多。

Iosif Vorovencii（2015）应用决策树分类法将沙漠化分为六个等级，分别为无沙漠化、极轻度沙漠化、轻度沙漠化、中度沙漠化、高度沙漠化和极高度沙漠化，在多布罗贾，1987—2011年期间有极轻度沙漠化和中度沙漠化两个等级增加[31]。王建（2000）选择甘肃省民勤县绿洲为研究区，重点对3种荒漠化土地进行分层分类，对光谱特征提取、几何特征提取、纹理特征提取、监督分类以及植被指数等复合识别指标进行分析。杜明义（2006）应用决策树的分析方法对属于农牧交错带的阜新地区进行了荒漠化类型、强度提取和分类[32]。鄢雪英等（2014）利用MODIS数据计算各种荒漠化指标，通过人机交互确定各指标最佳阈值，从而建立决策树进行了荒漠化动态遥感监测。康文平（2016）基于MODIS时间序列数据，应用决策树分类法对内蒙古中西部等地区沙漠化进行监测及对沙漠化土地图谱进行了分析。黄晓君（2017）等以民勤盆地为研究区，利用分类与回归树（CART）算法构建决策树，自动提取1994年、2014年两期Landsat影像变化像元，将变化检测结果与沙地信息进行了空间叠加分析，并实现了沙漠化信息自动识别模式，结果表明，CART决策树精度为89.43%～93.00%[33]。

3.5 神经网络分类

遥感影像都是以复杂的光谱特性来构成的，在分类提取的方法上，基本上属于阈值分类法，选取最能体现荒漠化光谱特征的波段数据，因而忽略了其他的波段信息，没能充分利用多波段的丰富信息。神经网络算法的中心思想是调整权值，从而使网络总误差最小，通过把学习的结果反馈到中间层次的隐含层单元，改变它们的权系矩阵，从而达到预期学习的目的。神经网络土地荒漠化信息提取时，先进行模型设计，然后进行神经网络的训练，最后进行精度分析。

Salvatore Rampone 等（2019）应用气象和土地利用数据，应用人工神经网络方法计算沙漠化指标，在意大利中部的萨丁尼亚岛进行的沙漠化监测，结果显示出有较低的错误率。乔平林（2004）利用Landsat TM卫星遥感数据中的NDVI数据，建立了BP神经网络的自动提取土地荒漠化信息的模型，提取了发生地点和范围等信息，精度为84%[34]。罗小波（2004）指出，RBF神经网络分类模型具有结构简单、算法简洁的优点，该方法用于遥感影像分类取得了较高的分类精度，具有实际应用价值。吴见（2012）在研究沙漠化现状定量评价遥感信息模型时指出在高光谱遥感树种分类的可行性，选取了差异性较高的波段及光谱特征参量，引用改进的BP神经网络模型完成了林地树种信息提取。

上述目视解译、自动分类（监督分类、非监督分类）、沙漠化指数（沙漠化监测差值指数）、决策树分类以及神经网络分类等沙漠化监测方法各有自己的优缺点，用以上方法研究沙漠化较多的遥感影像是 landsat TM/ETM⁺。每种方法的研究效果不同，选择方法根据研究的要求及目的，研究者需要与实测数据进行验证。做基础数据，研究者最好还是选择目视解译以及实测数据来验证，从而为后期的研究提供后续支撑。

4　沙漠化原因研究

沙漠化对受害区的经济发展以及对人们的生活水平的提高有很大影响。沙漠化的形成原因有多种，地球规律所成的沙漠，也会往外扩展，以撒哈拉沙漠为例，1968—1974年，撒哈拉沙漠每年向南延伸50 km，近半个世纪以来，撒哈拉沙漠更是吞掉了南部宜农宜牧的土地近65 km²，流沙前沿总长达350 km以上。2018年3月29日发表在《气候杂志》上一篇文章的研究结果表明，从1920年到2013年占据了整个非洲大陆北部的大部分地区的撒哈拉沙漠面积扩大了10%。研究人员认为其他的沙漠也正在扩张。撒哈拉南部的边界毗邻萨赫勒，是个沙漠和大草原之间的半干旱地区的过渡地带，由于撒哈拉沙漠的扩张，破坏了该地区脆弱的草原生态系统，导致在萨赫勒地区生活的人们的区域在后退。沙漠化由于地区不同成因也会不同，找到问题的根源才能治理好沙漠化，因此沙漠化原因是众多学者研究的主要方向，反映研究成果的文章也较多。

李成尊（1989）指出，沙漠化形成受自然和人为两种因素影响，自然因素中主要有沙源和气候两个主要因素，人为因素包括开垦、放牧、樵柴、开采引用水源、截流灌溉等[35]。李振山（1997）指出，沙漠化土地不同状况和强度与地域密切相关，河西、宁夏平原区在极干旱、干旱条件下的灌溉农业区，沙漠化分布在人为因素影响下集中分布在沙漠边缘地区，盐池县在鄂尔多斯台地边缘，属农牧交错带[36]。刘玉平（1997）对毛乌素沙地的荒漠化驱动力研究中提出自然驱动力包括气候特征、风力作用、降水作用；人为因素包括人口增长、土地利用变化、牲畜超载、政策等[37]。邬光剑（2002）指出，0.6～0.7 Ma BP以前，北半球高纬度大陆冰盖大规模扩展，从而强化了西风和东亚冬季风，结果导致中国季风边缘区的沙漠扩张，也指出不同的时段其机制可能有所不同，不能忽略其他因素的影响。还有后天生成的，如科尔沁沙地，科尔沁沙地以前是科尔沁草原，清朝的大面积开垦是沙漠化形成的原因。后续发展的呼伦贝尔沙地等也是后天形成的。学者们对沙漠化的形成原因积极开展研究，从而对沙漠化的治理政策进行基础的数据支持。李君（2002）对黄羊滩沙地物质来源进行了分析，结果表明，黄羊滩沙地物质分别来源于黄羊滩洪积台地物和洋河冲积物[38]。乌兰图雅（2002）认为科尔沁沙地主要形成于晚更新世末全新世初期，在全新世曾经经历了四次的沙地稳定期和活化期。沙地目前正处于其最新的活化期，主要是由人类不合理的开发活动引起的[39]。李笑春（2005）认为浑善达克沙地退化自然因素中气候因子的变化，特别是干旱化引起蒸发量的增加并导致干旱化，人为因素有两方面——人口激增和耕地面积的大幅度增加。杜忠潮（2006）认为毛乌素沙地是古湖滨沙堤受风力作用就地起沙形成的。张咏娟（2007）认为大柳塔煤矿区土地沙漠化影响因素中降水影响最大，降水是土地沙漠化发展或逆转的控制因素。黄银洲（2009）在研究鄂尔多斯高原近2000年沙漠化成因研究中指出唐中后期的沙漠化原因主要是气候变冷，而明代至今的沙漠化与明清小冰期的冷气候有关，清末后开发是主要的原因。李淑华（2009）认为全新世以前，科尔沁沙地沙漠化过程完全受环境变化控制，全新世以来，人类活动在科尔沁沙地沙漠化过程中起了重要的作用，自然因素和人为因素在不同时期有不同的地位和作用。孙万仙（2010）认为，科尔沁沙地的人文驱动机制因子主要有总人口、人均生产总值、农牧民纯收入、耕地面积、农业机械总动力和国家政策等。闫峰（2013）等在研究近40年毛乌素沙地荒漠化过程中指出，降水是影响荒漠化过程的重要因素，但人口、土地利用结构和政策实施等也是影响荒漠化过程的重要因素。原鹏飞（2014）指出，干沙层形成与外界降雨量、沙地热特性、毛管水上升高度等均有密切关系。

近5年的研究成果有：罗刚（2015）认为，呼伦贝尔沙地形成的自然原因有地质原因和气候原因，人为原因有樵采、超载过牧与滥垦乱挖、不合理地开设草原自然路、防火隔离带等以及管护因素。丁文广（2017）对海西蒙古族藏族自治州近40年沙漠化时空变化即驱动力分析中指出，人为因素是造成20世纪90年代之前自治州沙漠化显著发展的主导因素，而气候因素和人为因素共同影响了沙漠化逆转。佟惠雯（2018）对科尔沁沙地羊草施不同量的肥，结果表明，在100 kg/hm²下的沙地羊草干草产量最高，施肥量对沙地上羊草的生长有影响。马仲武（2018）研究甘肃省酒泉市沙漠化土地变化原因分析中指出，2009—2014年，自然因素是该阶段降水量相对较多，有利于植被的定居繁衍，而河流径流量持续处于偏丰状态，水分胁迫状态得到了缓解，改善了植被特别是对浅层土壤水分有较高依赖性的一年生草本植被的生存环境，一定程度上遏制了沙漠化的加剧与扩张，人为因素是生态工程、节水型社会建设和并井压田工程实施、基础设施建设等[40]。李锦荣（2018）认为，乌兰布和沙漠流动沙丘风蚀的主要因素为风力和降水的季节性差异[41]。冯坤（2018）认为，鄂尔多斯市土地沙漠化受人口数量增加、过垦及过度放牧等人为因素的严重影响，不同时段土地沙漠化发展的方向与驱动力都有所不同，1975—2000年以人为因素为主导，自然因素为基础；2000—2015年以自然因素为主，人为因素为铺[42]。

从以上学者们对沙漠化成因，从年代角度分析方面不难看出，清代以前的主要原因是自然因素的气候因素，清代至今，主要的因素是人为因素。沙漠化扩大以及土地沙漠化的主要原因有很多，每个地区的沙漠化原因各不相同，包括开垦、人口激增、定居后超载畜牧、樵柴、开采引用水源、截流灌溉、土地利用变化、气候变化、不合理地开设草原自然路、防火隔离带等以及管护、政策等。找到土地沙漠化以及沙漠化扩展原因才能对症下药防止沙漠化扩大以及治理沙漠化，从技术及人地关系出发，从人的角度去宣传爱护自然，合理利用自然。

5　沙漠化危害研究

沙漠化灾害是我国北方地区特定自然环境下产生的自然灾害，沙漠化灾害是一种逐渐的、缓慢的或突发性的发展过程。就其发生时间上的频繁性、经常性、空间分布的广泛性、致害方面的多样性及造成经济损失的严重性等方面讲，沙漠化灾害是我国严重的自然灾害之一。

对沙漠化危害进行研究的学术文章较多，沙漠化危害的程度及损失的研究意义较大。

邸醒民等（1982）指出，沙漠化的地表物质危害包括侵蚀、搬运和堆积，危害形式有地表细粒物质的损失和地力的下降、地表粗制化和地表形态发生变化以及流沙埋压与风沙流打割禾苗[43]。董光荣（1989）等研究青海共和盆地土地沙漠化及防治中指出，土地沙漠化危害有填淤库容、埋压地表建筑物，影响农、牧、渔业基地建设，堵塞交通，影响通信和输电线路及污染环境等五个方面。申建友（1989）等研究沙漠化危害时指出，沙漠化导致可利用土地面积缩小、生产潜力衰退、农业产量降低、草场质量下降、牧业发展受阻，并阻塞交通、毁坏水力设施、埋压房屋建筑、污染环境以及影响输电、通信及工矿等。董玉祥（1997）用沙漠化经济损失估值法对西藏沙漠化进行了估值，结果表明，资源危害损失为82030.7万元，社会经济危害损失为4273.0万元，西藏沙漠化每年所造成的经济损失总计高达34.5亿元[44]。

刘拓（2006）评估中国土地沙漠化经济损失时指出，以1999年为基准，我国沙漠化造成的直接经济损失每年约为1281.41亿元，其中土地沙漠化造成的资源损失 955.71 亿元，占总损失的 74.58%；对农牧业生产造成的损失为 266.99 亿元，占总损失的 20.84%；对生活设施造成的损失为 35.41 亿元，占总损失的 2.76%；对水利设施造成的损失为 19.3 亿元，占总损失的 1.51%；对人类健康造成的损失为 3.65 亿元；对交通运输造成的损失为 0.35 亿元。吴晓旭（2009）等研究内蒙古乌审旗土地沙漠化退化过程时指出，乌审旗土地沙漠化主要有 3 个方面的危害：农业生产，使农田表土、肥料、种子被风吹蚀；草场退化，导致草场承载力和产草量普遍下降，覆盖度降低；环境污染，形成风沙天气，如沙尘暴、扬沙、浮尘。即土地生产力下降、可利用土地面积逐年缩小、制约农牧业生产发展、减少农牧民经济收入、危害当地人民正常生活和生产活动及污染环境[45]。薛占金（2012）在对晋北地区土地沙漠化经济损失进行初步研究时应用通用经济损失估值法，通过估算步骤、估算内容以及估算过程得出以下结果：2008 年土地沙漠化给晋北地区造成的直接经济损失约为 31.56 亿元，占农业增加值的 51.28%，经济损失以农牧业生产、耕地养分和有机质经济损失为主；间接经济损失预估在 142.02 亿元以上，总经济损失为 173.58 亿元，占全区生产总值的 19.61%。沈亚楠（2017）等指出，内蒙古、新疆、青海、甘肃、河北等地区沙漠化灾害危险性较高，目前内蒙古自治区是全国荒漠化危害严重的省（区）之一，荒漠化总面积占全国荒漠化总面积的 25.11%，沙漠化土地分布于 76 个旗县（市）、995 个乡镇（苏木）[46]。

20 世纪 90 年代以后，荒漠化土地的面积每年增加 2.46×10^3 hm²，沙尘暴的平均次数从 20 世纪 60 年代的每年 5 次增加至 20 世纪 90 年代的每年 24 次，每起沙尘暴，天昏地暗，风沙弥漫，高科技制造业遭到破坏，呼吸道疾病流行，交通隐患猛增。

沙漠化危害还在继续，对农、牧、水利、交通及工矿等方面，主要体现在农业生产、交通运输、污染环境等方面，对日常生活密切相关，治理沙漠化是义不容辞的工作。

进入 21 世纪，中国北方沙漠化扩张虽然一定程度上得到了抑制，但是受全球气候变暖影响，局部地区的沙漠化以及沙漠化灾害危险性较高区，主要分布在内蒙古的海拉尔、赤峰、包头、东胜，新疆的哈密、克拉玛依、阿勒泰，甘肃的武威、平凉，河北张家口的周边区域。《中国北方沙漠化灾害危险性评价》指出，2040 年以后中国西部和东部地区的沙漠化趋势将变得很显著，中国仍面临着严峻的土地沙漠化灾害危险，开展多源遥感沙漠化研究具有重要的科学与实践价值。

过去半个多世纪，中国政府对防治沙漠化做了坚持不懈的工作，也取得了明显的成果。现在沙漠化仍存在着"局部好转、整体恶化"的趋势。

6　沙漠化对策研究

约从19世纪末20世纪初开始，美国就开始探索荒漠化形成机制、危害以及防治的措施与策略。最著名的荒漠化防治研究是在新墨西哥州的试验牧场里开展的荒漠生态系统长期定位研究。对荒漠化防治提出了许多重要的理论，如著名的"肥岛理论"。美国荒漠化防治的策略为"以防为主，恢复为辅"和"保护与开发并重，确保荒漠生态系统资源的可持续利用"。沙漠化对农、牧、水利、交通及工矿等方面危害较大，成为间接地对本区域的经济发展和人们的生活质量改善的不良因素。国民经济收入提高以及老百姓的生活质量改善也是国家政府部门的努力方向。因此，实施的工作较多，如针对沙漠化灾害，环境保护组织提出口号以及提供义务服务；地方政府自己制定政策；国家制定政策以及实施工程项目；国际组织、联合国等部门制定政策及实施保护环境、治理沙漠化的国际合作工程。研究者对国家及地方政府制定的政策以及政策的运行情况及沙漠化治理效果研究较多，也提出了沙漠化治理方法及指导思想。

我国治理沙地的政策有实施"三北"防护林工程、退耕还林还草工程、京津风沙源治理工程、生态移民工程等 [47-51]。以上沙漠化治理政策是基于沙漠化对策研究而提出来的，学者关于沙漠化治理提出的政策研究也较多。

刘玉平（1997）对毛乌素沙地的荒漠化防治政策如下：从根本上实现向"预防为主"的方针转变；治理与开发相结合；实施"耕地总量控制"政策，"牲畜总量控制"——"草场载畜量控制"政策；实施农村能源节能、替代政策；实施荒漠化区域内陆河流水资源合理分配和利用政策；实施荒漠化防治的行政管理制度；实施荒漠化防治的经济激励政策等。

刘拓（2005）指出，我国土地沙漠化防治需要采取综合生态系统管理，实行标本兼治、综合治理，基本策略为：植被自然恢复与植被建设、经济社会发展促进策略；制度创新策略；制度保障策略等。

董雯（2006）指出，要在毛乌素沙地做黄土高原的红土与黄土混合，渗透力将会更小，这样对沙漠地区植被的恢复更为有利。

王涛（2007）指出，我国沙漠化防治的指导方针是保护优先，重点治理，合理利用，协同发展；基本原则是"以防为主，防治并举，突出重点，先易后难""因地制宜，扬长避短，统筹规划，综合治理""沙漠化防治与脱贫致富相结合""宣传教育、政策引导与农民自愿相结合"；沙漠化防治的途径为调整土地利用结构,合理配置农、林、牧生产比例,加强植被的保护、恢复与重建,控制人口增长,减轻人口对资源环境的压力,输入科学技术,提高劳动者素质和农业生产水平。

罗刚(2015)指出,呼伦贝尔沙地生态修复现状的对策与建议是:防沙治沙是一项长期性的工作,应坚持不懈,加强呼伦贝尔沙地生态移民措施,解决生态修复和牧业发展的矛盾,强化沙地治理项目区的封禁保护,提高沙地治理工程质量,进行零星沙地治理,防止沙地扩展,发展多种所有制经济共同治沙模式,提高全社会共同参与治沙的积极性以及加大科技支撑投入力度,选择适合项目区的治理模式进行沙地生态修复,适度发展沙产业。

宋洁(2018)研究乌兰布和沙漠不同土地覆盖类型粒度特征及空间分异时指出,根据不同区域的土地覆被类型因地制宜选取先锋植物种群改善区域地表覆盖状况和地表沉积物粒度组分是该区域尘源治理的主要手段[52]。

沙漠化对国家的经济、生态、发展等都有影响,国家重视对沙漠化进行研究、治沙防沙,陆续发布政策治理沙漠化以及支持沙漠化研究。"三北"防护林工程、退耕还林还草工程、京津风沙源治理工程等是较大的工程,生态移民工程等实施时间也较长。沙漠以及土地沙漠化地区的人们都知道沙漠化的危害,甚至沙尘暴天气的危害影响到北京以及其他国家,地球上生活的每个人都会去想治理沙漠化,因此,不管是个人、团体组织、国家以及国际也好,都去研究沙漠化的形成原因、危害以及政策去治理沙漠化,为人类造福。

参考文献

[1]宋炳奎.沙漠化对土壤肥力的影响[J].土壤通报,1980(4):6-9.

[2]朱震达.关于沙漠化地图编制的原则与方法[J].中国沙漠,1984,4(1):3-15.

[3]阿如旱.近50a京津风沙源区土地沙漠化时空变化规律及其发展趋势研究[D].呼和浩特:内蒙古大学,2009.

[4]朱震达.中国沙漠化研究的进展[J].中国沙漠,1989,9(1):1-13.

[5]董玉祥.藏北高原土地沙漠化现状及其驱动机制[J].山地学报,2001,19(5):385-391.

[6]Bergh R J,Scholes K J. Limits to detectability of land degradation by trend analysis of vegetation index data[J]. Remote Sensing of Environment,2012(125):10-22.

[7]郭坚,王涛,韩邦帅,等.近30a来毛乌素沙地及其周边地区沙漠化动态变

化过程研究[J].中国沙漠,2008,28(6):1017-1021.

[8]樊胜岳,刘文文,周宁.基于STIRPAT模型的内蒙古沙漠化地区环境压力分析[J].中国沙漠,2019,39(3):117-125.

[9]阿如旱,都来,盛艳,等.基于Logistic回归模型的内蒙古多伦县土地沙漠化驱动力分析[J].干旱区地理,2019,42(1):137-143.

[10]Al J T. Desertification trends in the Northeast of Brazil over the period 2000—2016[J]. Int J Appl Earth Obs Geoinformation,2018(73):197-206.

[11]吴薇,王熙章,姚发芬.毛乌素沙地沙漠化的遥感监测[J].中国沙漠,1997,17(4):415-420.

[12]王涛,吴薇,薛娴,等.近50年来中国北方沙漠化土地的时空变化[J].地理学报,2004,59(2):203-212.

[13]曾永年,向南平,冯兆东,等.Albedo_NDVI特征空间及沙漠化遥感监测指数研究[J].地理科学,2006,26(1):75-81.

[14]康文平,刘树林,段翰晨.基于MODIS时间序列数据的沙漠化遥感监测及沙漠化土地图谱分析——以内蒙古中西部地区为例[J].中国沙漠,2016,36(2):307-318.

[15]王永芳.基于多源数据融合与DPSIR模型的科尔沁沙地沙漠化生态风险评价[D].长春:东北师范大学,2016.

[16]朝鲁门,宁小莉,包玉海,等.基于GF-2的沙地区域影像融合方法与评价——以内蒙古自治区正蓝旗北部典型沙地为例[J].水土保持通报,2019,39(4):138-143.

[17]杨佳佳,冯玉林,徐英奎,等.基于多源遥感数据的成矿远景区圈定——以内蒙古东乌珠穆沁—满都地区为例[J].地质与资源,2015,24(1):51-56.

[18]李慧颖,李晓燕,于皓,等.基于多源遥感信息的过去40年间吉林省长吉示范区森林面积损失与景观破碎化研究[J].干旱区资源与环境,2018,32(2):128-135.

[19]张国庆.青藏高原湖泊变化遥感监测及其对气候变化的响应研究[J].地理科学进展,2018,37(2):214-223.

[20]韩惠,杨晓辉,赵井东.西昆仑山崇测冰川区多源遥感影像的冰川信息提取方法研究[J].冰川冻土,2018,40(5):951-959.

[21]冯莉莉.中国北方沙漠化土地时空演变及其驱动力分析[D].北京:中国林业科学研究院,2017.

[22]李庆,张春来,周娜,等.青藏高原沙漠化土地空间分布及区划[J].中国

沙漠,2018,38(4):690-700.

[23]赵恒谦,贾梁,尹政然,等.基于多源遥感数据的北京市通州区土地利用/覆盖与生态环境变化监测研究[J].地理与地理信息科学,2019,35(1):38-43.

[24]Camarasa A D. Satellite remote sensing analysis to monitor desertification processes in the crop-rangeland boundary of Argentina [J]. Journal of Arid Environments,2002(52):121-133.

[25]高志海,魏怀东,顶峰.TM影像荒漠化解译与成图技术研究[J].遥感技术与应用,2002,17(6):293-298.

[26]Segarra S L. A multi-temporal masking classification method for vineyard monitoring in central Spain[J]. International Journal of Remote Sensing, 2010, 22 (16):3167-3186.

[27]Monia G, Alberto L E. A multi-component GIS framework for desertification risk assessment by an intergrated index[J]. Applied Geography, 2010, 30(3): 394-415.

[28]Symeonakis T P. Assessing Land Degradation and Desertification using Vegetation Index Data: Current Frameworks and Future Directions [J]. Remote Sensing,2014(11):9552-9574.

[29]毋兆鹏,王明霞,赵晓.基于荒漠化差值指数(DDI)的精河流域荒漠化研究[J].水土保持通报,2014,34(4):188-192.

[30]岳辉,刘英.基于NDVI_Albedo特征空间的陕西省干旱与荒漠化遥感监测[J].西北林学院学报,2019,34(1):198-205.

[31] Vorovencii I. Assessing and monitoring the risk of desertification in Dobrogea, Romania, using Landsat data and decision tree classifier[J]. Environment Monitoring Assessing,2015(1):187-204.

[32]杜明义.决策树方法在土地荒漠化分类中的应用研究[J].测绘科学,2006,31(2):81-82.

[33]黄晓君,颉耀文,卫娇娇,等.基于变化检测_CART决策树模式自动识别沙漠化信息[J].灾害学,2017,32(1):36-42.

[34]乔平林,张继贤,林宗坚.基于神经网络的土地荒漠化信息提取方法研究[J].测绘学报,2004,33(1):58-62.

[35]李成尊,孙勃.沙漠化环境遥感调查研究[J].遥感技术动态,1989(14):21-24.

[36]李振山,姚发芬,王一谋."三北"防护林甘青宁类型区土地沙漠化遥感调

查研究[J].干旱区资源与环境,1997,11(1):78-83.

[37]刘玉平.毛乌素沙区草场荒漠化评价的指标体系及荒漠化驱动力研究[D].北京:中国科学院,1997.

[38]李君,谭利华,邱维理,等.黄羊滩沙地的形成及其对北京沙尘暴天气的影响[J].北京师范大学学报(自然科学版),2002,38(2):279-284.

[39]乌兰图雅,雷军,玉山.科尔沁沙地风沙环境形成与演变研究进展[J].干旱区资源与环境,2002,16(1):28-31.

[40]马仲武,王新源,王小军,等.甘肃省酒泉市土地沙漠化现状及动态分析[J].中国农业资源与区划,2018,39(3):141-147.

[41]李锦荣,郭建英,赵纳祺,等.乌兰布和沙漠流动沙丘风蚀空间分布规律及其影响因素[J].中国沙漠,2018,38(5):928-935.

[42]冯坤,颜长珍,谢家丽,等.1975—2015年鄂尔多斯市沙漠化的时空演变过程[J].中国沙漠,2018,38(2):233-242.

[43]邱醒民,张继贤,刘阳宣,等.宁夏地区土地沙漠化特征及其防治[J].中国沙漠,1982,2(2):1-8.

[44]董玉祥.沙漠化经济损失估值初步研究——以西藏自治区为例[J].中国沙漠,1997,17(4):383-388.

[45]吴晓旭,邹学勇,王仁德,等.内蒙古乌审旗土地沙漠化退化过程研究[J].水土保持研究,2009,16(1):136-140.

[46]沈亚楠,仇梦梦,邱耀杰.中国北方土地沙漠化灾害危险性评价[J].干旱区研究,2017,34(1):174-184.

[47]黄麟,祝萍,肖桐,等.近35年三北防护林体系建设工程的防风固沙效应[J].地理科学,2018,38(4):600-609.

[48]魏兴琥,雷俐,邹学勇,等.京津风沙源浑善达克沙地治理区退耕还林地的植被变化[J].中国沙漠,2013,33(2):604-612.

[49]周德成,赵淑清,朱超.退耕还林还草工程对中国北方农牧交错区土地利用/覆盖变化的影响——以科尔沁左翼后旗为例[J].地理科学,2012,32(4):442-449.

[50]魏建洲,刘彦平,张锋,等.生态建设工程中利益主体间的博弈模型——以政府主导的退耕还林还草工程为例[J].中国沙漠,2016,36(3):836-841.

[51]张力小,刘杰.北方沙漠化地区生态移民中的关键问题[J].生态学杂志,2009,28(7):1394-1398.

[52]宋洁,春喜.乌兰布和沙漠不同土地覆被类型粒度特征及空间分异[J].中国沙漠,2018,38(2):243-251.

第二章　研究内容与方法

1　研究背景与意义

　　生态安全问题在以和平与发展为主题的当今世界日益凸显，成为世界各国关注的焦点之一。沙漠化是当今世界最严重的环境与社会问题。在人类生存环境恶化、人地关系紧张的今天，沙漠化问题日益成为人们关注的环境问题之一。

　　防治沙漠化和缓解干旱影响已成为全球共识。中国是世界上沙漠化面积最大、分布最广、受沙漠化危害最严重的国家之一，全国有近4亿人受到沙漠化沙化的威胁。全国沙漠化土地总面积达263.62×10⁴ km²，约占国土面积的1/3；沙化土地面积为173.97×10⁴ km²，约占国土面积的1/5。沙漠化已对人们的生产、生活和生态安全构成严重威胁，直接影响了地区经济和社会可持续发展。沙漠、沙地、沙漠化土地在三北民族地区分布最广，危害最重，这些地区既是经济欠发达地区，又是生态脆弱区，沙漠化严重影响民族地区经济社会发展。民族地区人口较少，资源丰富，自然条件脆弱，民族经济对生态环境的依赖程度最高，生产效率低下，生产经营方式粗放，人为干扰严重，沙漠化的胁迫成为制约民族区域经济社会发展的重要负面因素，使民族地区付出了沉重的代价。

　　土地沙漠化、沙尘暴、沙地沙漠扩展等问题一直是内蒙古重要的生态环境问题。沙地治理是解决沙漠化的一种方式。正视这些问题，并寻找正确的对策措施，是进行生态文明建设、实现社会和谐发展、人与自然和谐相处的基础。习近平指出，内蒙古生态状况如何，不仅关系全区各族群众生存和发展，而且关系华北、东北、西北乃至全国生态安全。生态保护是全国一盘棋。把内蒙古建成我国北方重要生态安全屏障，是立足全国发展大局确立的战略定位。这便是算大账、算长远账、算整体账、算综合账。

生态文明建设已成为中国特色社会主义建设中不可或缺的一部分。党的十八大把生态文明建设放在十分突出的地位，形成了经济建设、政治建设、文化建设、社会建设和生态文明建设五位一体的中国特色社会主义事业总布局。党的十八大报告以"大力推进生态文明建设"为主题，独立成篇系统地论述了生态文明建设，将生态文明建设提高到一个前所未有的高度，并且从十个方面描绘出了生态文明建设的宏伟蓝图。报告指出，"建设生态文明，是关系人民福祉、关乎民族未来的长远大计。面对资源约束趋紧、环境污染严重、生态系统退化的严峻形势，必须树立尊重自然、顺应自然、保护自然的生态文明理念，把生态文明建设放在突出地位，融入经济建设、政治建设、文化建设、社会建设各方面和全过程。"这充分体现了我国实现全面协调可持续发展的科学发展观的基本要求，对于全面推进中国特色社会主义事业，具有重大意义。

党的十九大报告又以"加快生态文明体制改革，建设美丽中国"为主题，再次以独立成篇的方式阐述了生态文明建设的重要性。习近平主席指出，"生态文明建设功在当代、利在千秋。我们要牢固树立社会主义生态文明观，推动形成人与自然和谐发展现代化建设新格局，为保护生态环境作出我们这代人的努力。"

建设我国北方重要的生态安全屏障，在祖国北疆构筑起万里绿色长城，这是习近平总书记对内蒙古的战略定位和重要要求。浑善达克沙地是中国的四大沙地之一，它地处内蒙古自治区中部，锡林郭勒草原南端，是环境变化的敏感区，同时也是生态环境的脆弱区。在过去的半个多世纪里，由于自然气候的加剧变化和人为因素的过度开垦、过度放牧等不合理的土地利用，原本脆弱的沙地生态环境遭受到了更大的破坏。土地沙漠化现象迅速加重，环境问题的越发严峻，已经严重地阻碍了当地经济与社会的进步，直接影响到了浑善达克沙地地区的可持续发展，生态文明建设也逐渐成为当地热点议题之一。

浑善达克沙地处于北京西北方向，直线距离仅仅只有 180 km，再加上春季和冬季天气系统的影响，成为京津地区沙尘暴的必经之地，也是京津周边地区沙尘暴频发的发源地之一。浑善达克沙地的特殊地理位置和维护京津地区乃至整个华北地区应起到的"生态屏障"的独特作用，使得浑善达克沙地生态文明建设也是内蒙古乃至全国生态文明建设的重要部分。20世纪80年代中期，锡林郭勒盟在全国草原牧区率先推行"草畜双承包"，落实草牧场"双权一制"，牧区生产力空前释放。但是随着牲畜头数急剧增长，草原生态负荷越来越重，加之气候条件、自然灾害、生产开发、监管滞后等原因，草原生态功能大幅下降，发展与保护的矛盾日益凸显。浑善达克沙地流动半流动沙丘不断增多，生态屏障作用削弱的严峻形势，引起了党中央、国务院的高度关注。如何有效地治理沙地生态环境，探究其内部演变规律和机理，实现其生态安全，不仅是对当地人民生产生活的重要保障，更对维护我国生态安全具有重要的战略意义，对指导沙漠化防治、管理及决策有重要实践意义。

近些年来，遥感技术的蓬勃发展，在一定程度上弥补了传统方法对沙漠化研究的不足。对沙地沙漠化进行遥感动态监测与提出科学、高效的沙地恢复治理措施已刻不容缓，关系到21世纪中国经济、社会的可持续发展，具有重大而深远的意义。

遥感技术地表数据信息量大、数据全面，而且可以做到动态实时监测，在时间和空间上精准研判沙漠化变化过程及主要成因，在现代的沙漠化监测治理研究中，占据着越来越重要的地位。本研究在充分了解浑善达克沙地自然、社会经济条件的基础上，利用Landsat TM、高分2号及MODIS等多源遥感数据对浑善达克沙地沙漠化进行动态监测的基础上，分析浑善达克沙地沙漠化的时空演变规律及驱动机制，并提出因地制宜的沙漠化治理对策。

通过以上研究，力求为决策层的科学决策、浑善达克沙地生态环境健康、可持续发展提供科学、可靠的依据。

研究成果对促进浑善达克沙地沙漠化的治理、恢复当地生态环境、保障生态脆弱区经济社会可持续发展具有重要意义，对其他地区沙地沙漠化防治也能提供参考，具有借鉴意义。

2 研究内容与方法

浑善达克沙地是我国四大沙地之一，也是典型的草原荒漠化地区，距北京直线距离仅180千米，是离北京最近的沙源。近年来，受气候变化和人类活动的影响，浑善达克沙地生态环境遭到了极大破坏，沙地植被退化，土地风蚀沙化、水土流失加剧，沙尘暴肆虐，已对内蒙古及周边城市地区的生产、生活和生态安全构成严重威胁。因此，恢复当地生态环境状况的研究刻不容缓。通过遥感手段快速、大面积地对沙漠化状况进行动态监测，明确土地荒漠化的成因，特别是搞清楚人为因素以及社会经济、政策及制度因素的影响，从战略高度提出防治土地荒漠化有效的模式和对策，对我国荒漠化的科学防治意义十分重大。

本课题利用Landsat TM/ETM、高分2号及MODIS等多源遥感数据对浑善达克沙地沙漠化进行精细动态监测的基础上，分析浑善达克沙地沙漠化的时空演变规律及驱动机制，并提出因地制宜的浑善达克沙地沙漠化治理对策。

2.1 研究内容

2.1.1 浑善达克沙地沙漠化多源遥感监测研究

Landsat是美国NASA的陆地卫星计划（1975年前称"地球资源技术卫星——ERTS"）。从1972年开始发射第一颗卫星Landsat-1，迄今为止已发射7颗。目前，Landsat TM/ETM遥感数据是世界上监测时间最长、数据质量最好的中分辨率遥感数据。本研究以Landsat TM/ETM（30米或15米）遥感数据为信息源，利用人-机互交解译/计算机自动分类法提取1982年、1992年、2002年、2012年及2017年5期的浑善达克沙地沙漠化面积变化信息，分析浑善达克沙地沙漠化面积的时空演变特征，并找出其变化规律。

高分2号卫星是我国自主研制的首颗空间分辨优于1米的民用光学遥感卫星，具有高定位精度和快速姿态机动能力等特点，达到了国际先进水平。利用高分2号数据（融合分辨率为0.8米）在微观尺度上验证Landsat TM/ETM遥感数据沙漠化的监测结果，并通过尺度转换方法修正Landsat TM/ETM遥感数据沙漠化的监测结果，提升遥感监测精度。

MODIS是当前世界上新一代"图谱合一"的光学遥感仪器，有36个离散光谱波段，光谱范围宽，从0.4微米（可见光）到14.4微米（热红外）全光谱覆盖，且辐射分辨率高，因此具有较好的定量应用前景。本研究利用MODIS遥感数据反演浑善达克沙地叶面积指数、植被覆盖度、植被净第一生产力及干旱指数，定量估算近15年浑善达克沙地沙漠化的程度。

在利用多源遥感监测浑善达克沙地沙漠化面积时空变化及定量估算沙漠化程度变化的基础上，建立浑善达克沙地沙漠化监测数据库，开发浑善达克沙地沙漠化遥感监测系统，为浑善达克沙地治理提供数据服务。

2.1.2 浑善达克沙地沙漠化驱动机制研究

从自然、人为和经济三个角度出发研究浑善达克沙地沙漠化驱动机制。

（1）自然影响因子

利用Landsat TM/ETM、高分2号及MODIS数据等多源遥感数据定量估算浑善达克沙地的叶面积指数、植被覆盖度、植被净第一生产力及干旱指数等自然因子数据；利用气象数据统计近30年的土壤水分、降水、蒸散发、地表温度及空气温度等数据；利用野外观测方法获取微观尺度的土壤数据及植被类型数据；

利用早期土壤调查数据及植被类型调查数据获取宏观尺度上的数据。

（2）人为因子

对浑善达克沙地几期土地利用／覆盖动态变化进行解译，探明区域土地利用／覆盖动态变化规律。

（3）经济因子

主要从人口、经济发展（产业结构、模式）和政策角度出发，分析近几十年来研究区社会经济变化状况。

（4）沙漠化驱动机制研究

研究不同影响因子及其耦合模式与沙漠化之间的关系。

2.1.3　浑善达克沙地沙漠化治理措施研究

对国内外沙漠化治理模式进行总结与归纳的基础上，对浑善达克沙地现有的沙漠化治理方法与模式进行实地考察与探究，并结合上述相关研究成果，提出因地制宜的沙漠化治理措施，切实缓解浑善达克沙地沙漠化现状。

2.2　研究方法

（1）沙漠化遥感监测方法：本研究拟建立浑善达克沙地沙漠化 Landsat TM/ETM 及高分 2 号遥感数据的解译标志，采用人-机交互的方法及计算机自动分类方法提取近 30 年浑善达克沙地沙漠化面积变化数据。在地理信息系统软件支持下，建立浑善达克沙地沙漠化信息数据库。采用定量反演方法估算浑善达克沙地的叶面积指数、植被覆盖、植被净第一生产力及干旱指数等指标，定量分析浑善达克沙地沙漠化的程度。

（2）分析浑善达克沙地沙漠化的驱动机制，找出沙漠化的主要原因及贡献程度，提出解决方法。

（3）利用野外调查方法，获取浑善达克沙地土壤成分数据及植被类型、产量等调查数据。

（4）利用空间统计方法，统计农业、牧业及旅游业相关数据，并落实到地图上与遥感数据结合应用。

3　研究思路及技术路线

本课题在充分了解浑善达克沙地自然、社会经济条件的基础上，梳理沙漠化监测方法、成因机制、治理对策等研究成果，静态分析与动态监测相结合。

以现状为一个静态的时间断面，以近40年的变化作为动态变化，利用Landsat TM/ETM、高分2号及MODIS等多源遥感数据对浑善达克沙地沙漠化进行动态监测的基础上，分析浑善达克沙地沙漠化的时空演变规律及驱动机制，并提出因地制宜的浑善达克沙地沙漠化治理对策。

技术路线：

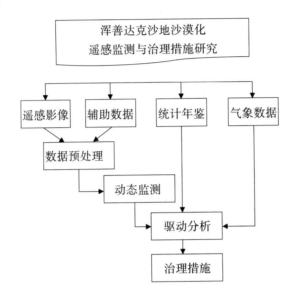

第三章　浑善达克沙地概况

浑善达克沙地具有独特的地理位置、形成过程以及现代自然环境与社会经济特征，大量学者对该沙地进行了研究[1-8]（朱震达，1980；钟德才，1999；丁国栋等，2005；靳鹤龄等，2004；周亚利等，2005；刘树林等，2006，2010；闫德仁，2016），现就前人及本次研究结果进行论述。

1 地理位置

浑善达克沙地（Hunshandake Sandy Land）位于内蒙古高原东部，东起大兴安岭南段西麓达来诺尔，向西一直延伸到苏尼特右旗集二铁路沿线，地理坐标为111°40′—117°35′E和41°55′—43°50′N，行政区上分属于内蒙古自治区锡林郭勒盟阿巴嘎旗、苏尼特右旗、苏尼特左旗、多伦县、正镶白旗、正蓝旗、镶黄旗及锡林浩特市和赤峰市克什克腾旗（图3-1）。浑善达克沙地南缘距北京市东北缘的怀柔区直线距离仅100 km，距北京市区直线距离约200 km，是距北京最近的沙尘源区。20世纪80年代初，沙漠化土地面积为3.69×10^4 km^2，至20世纪90年代初期，沙漠化土地面积新增0.38×10^3 km^2，21世纪初沙漠面积这3.83×10^4 km^2，之后沙漠化程度逆转，2017年浑善达克沙地沙漠化土地面积约为3.60×10^4 km^2 [9]（刘美萍等，2019）。

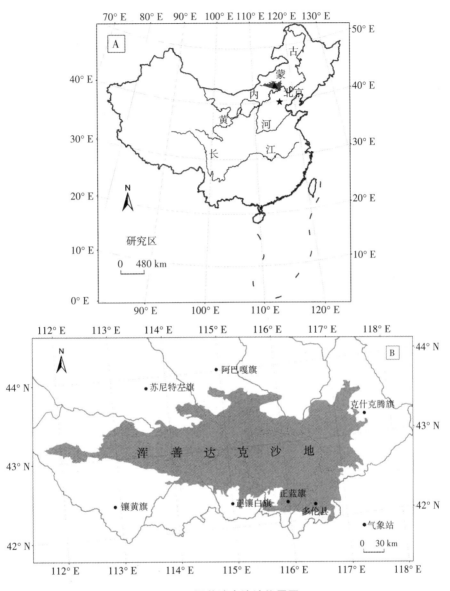

图3-1　浑善达克沙地位置图

2 自然环境

2.1 地貌

浑善达克沙地是蒙古地槽古生代褶皱带的一部分，沙地北侧是西拉木伦—

乌日根达拉大断裂，南侧是阴山东西向构造北缘的大断裂，属于地堑式拗陷带。海西运动时上升为陆地，经历长期的剥蚀夷平作用。燕山运动以来，经历了缓和的振荡式构造运动，形成了宽浅盆地。第三纪早期，沙地区域发生沉降，成为巨大的内陆湖盆，堆积了100～200 m的第三纪湖相沉积。第三纪晚期构造抬升，形成高平原地貌。

浑善达克沙地地势东高西低，南略高北略低，地势起伏较小，海拔在1150～1500 m之间。固定、半固定沙丘占沙地面积的87.1%，占绝对优势[10]（吴正，2009）。在分布上，东部沙丘固定程度较高，半固定沙丘呈斑点状散布在固定沙丘之间，大部分是固定沙丘植被遭受破坏形成，多集中分布于蒙古包附近。西部则多为半固定沙丘，且有流动的沙丘及沙丘链零星分布，沙丘类型主要有沙垄、抛物线形沙丘、蜂窝状沙丘、梁窝状沙丘以及灌丛沙堆。沙丘走向与盛行风向一致，呈西北西—东南东向，沙丘高度在15～20 m。

2.2　气候

浑善达克沙地自然区域绝大部分为半干旱区，西部为干旱区，已进入荒漠草原和草原化荒漠[1]（朱震达，1980），属中温带半干旱大陆性季风气候，冬季寒冷干燥，夏季温暖少雨。据锡林郭勒盟阿巴嘎旗、朱日和、苏尼特左旗、多伦县、正镶白旗及正蓝旗气象站1956年1月—2017年3月的气象观测资料，浑善达克沙地气候的主要特征如下（图3-2）。

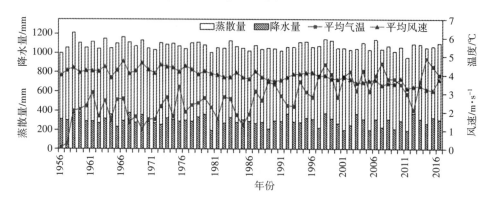

图3-2　1956—2016年研究区蒸散量、降水量、平均气温及平均风速年际变化

（1）气温

浑善达克沙地年均气温为2.8 ℃，气温昼夜及年内变化均较大，1月平均气温为-17.8 ℃，7月平均气温为20.6 ℃，年较差平均为38.4 ℃。沙区气温有明显的区域差异，气温自西向东呈下降趋势，且以沙地东北部的阿巴嘎旗平均气温

最低。1956—2016年间，沙地年均气温波动上升，平均每10年上升0.4 ℃（图3-2）。沙地年日照时数西部（朱日和与苏尼特左旗）比沙地东部（阿巴嘎旗和多伦县）长一百多小时。

研究区极端天气有明显的区域差异，朱日和与苏尼特左旗极端最高气温明显高于阿巴嘎旗和多伦县，且出现的时间前者比后者要早约10年。极端最低气温相反，沙地西部（朱日和与苏尼特左旗）比沙地东部（阿巴嘎旗和多伦县）出现得晚。表明沙地西部（朱日和与苏尼特左旗）暖干化趋势较东部（阿巴嘎旗和多伦县）明显，且随时间推移越来越明显（表3-1）。

表3-1 浑善达克沙地各气象站日照及气温等热量要素统计表

站名	1月平均气温/℃	7月平均气温/℃	年较差/℃	年平均气温/℃	极端最高气温/℃	极端最低气温/℃	年日照时数/h
朱日和	−14.5	22.6	37.1	5.1	40.4	−34.9	3146.2
苏尼特左旗	−18.9	22.3	41.2	3.2	41.5	−39.6	3157.5
阿巴嘎旗	−21.2	21.0	42.2	1.5	39.7	−41.5	3035.1
多伦县	−17.3	19.1	36.4	2.3	36.8	−39.6	3016.9
正镶白旗	−17.5	19.6	37.1	2.3	—	—	—
正蓝旗	−17.6	19.1	36.7	2.1	—	—	—
浑善达克沙地	−17.8	20.6	38.5	2.8	39.6	−38.9	3088.9

（2）降水

多年平均降水量为293.77 mm，年变率在0.42%～34.21%之间，平均为12.4%。降水年内分配不均，主要集中在6—8月份，占全年降水总量的63.5%。1956—2016年间，研究区降水量年际变化较大，但总体呈下降趋势，20世纪50年代末期年均降水量（339.53 mm）较21世纪初（278.46 mm）高61.07 mm（图3-3）。降水的区域分配也不均衡，沙地东、西部差异明显，降水由东向西递减，沙地东南部的多伦县、正镶白旗及正蓝旗三旗的降水量较高（371.51 mm），是沙地西北部阿巴嘎旗、朱日和、苏尼特左旗三旗多年平均降水量（216.03 mm）的1.72倍。

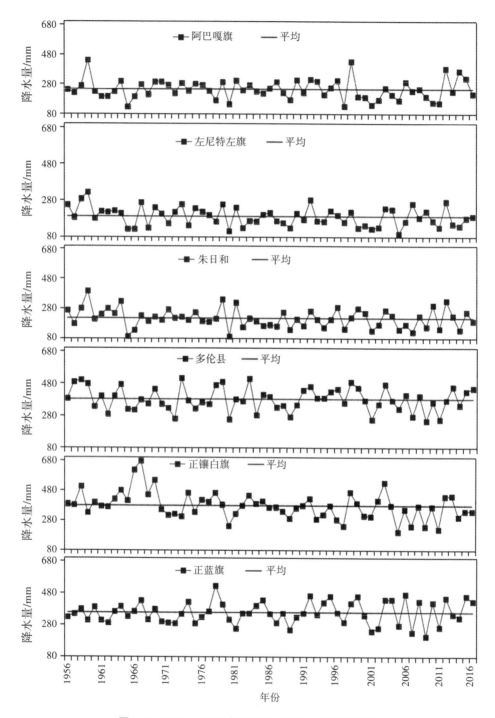

图3-3　1956—2016年研究区六旗降水量年际变化

最大日降水量沙地西部出现在20世纪50年代末和20世纪80年代初，时间远早于沙地东部的21世纪初期。表明沙地西部（朱日和与苏尼特左旗）暖干化趋势较东部（阿巴嘎旗和多伦县）明显，且随时间推移越来越明显（表3-2）。

表3-2　浑善达克沙地各气象站降水统计表

站名	1月降水量/mm	7月降水量/mm	平均年降水量/mm	最大日降水量/mm及出现年份
朱日和	1.7	57.1	213.0	84.7（1981年）
苏尼特左旗	1.9	48.2	190.0	97.7（1959年）
阿巴嘎旗	1.6	67.4	245.1	89.6（2006年）
多伦县	2.2	105.3	382.0	154.7（2000年）
正镶白旗	4.7	78.6	375.7	—
正蓝旗	2.8	79.1	356.9	—
浑善达克沙地	2.5	72.6	293.8	—

自20世纪50年代以来，我国干旱半干旱和半湿润区的气候，在一系列波动变化中呈现出明显的变暖、变干趋势。浑善达克沙地也不例外，降水量年际变化总体呈下降趋势，21世纪初年均降水量较20世纪50年代末低61 mm（图3-4）。

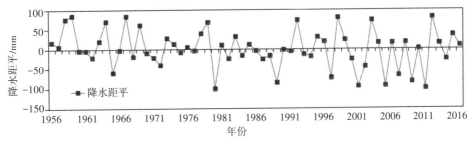

图3-4　1956—2016年研究区六旗降水距平

（3）风速

浑善达克沙地区域年平均风速为3.95 m·s⁻¹，春季风速最大，其次是秋季、冬季和夏季，风季（3—5月）平均风速为4.21 m·s⁻¹，夏、秋、冬三个季节的平均风速为3.66 m·s⁻¹。其中4月风速最大，平均风速能达到5.16 m·s⁻¹，8月风速最低，平均风速仅3.20 m·s⁻¹。平均风速也随区域发生变化，无论从年际、季节还是从月份来看，沙地西部（朱日和与苏尼特左旗）的平均风速均比沙地东部（阿巴嘎旗和多伦县）要大，但是，最大风速的记录相反，为西部小于东部。1956—2016年间，沙地平均风速逐渐减弱，平均每10年下降0.16 ms^{-1}，从最大风速出现的年份来看，沙地风速也呈减弱趋势（表3-3）。

表3-3　浑善达克沙地各气象站风速统计表

站名	4月平均风速 /m·s^{-1}	8月平均风速 /m·s^{-1}	年平均风速 /m·s^{-1}	最大平均风速/m·s^{-1} 及出现年份
朱日和	6.3	4.1	5.3	29.0(1978年)
苏尼特左旗	5.2	3.7	3.9	26.0(1999年)
阿巴嘎旗	4.6	2.9	3.3	30.3(1971年)
多伦县	4.6	2.1	3.4	28.0(1977年)
正镶白旗	—	—	—	—
正蓝旗	—	—	—	—
浑善达克沙地	5.2	3.2	4.0	—

（4）蒸散量

浑善达克沙地多年平均蒸散量为778.01 mm，是多年平均降水量的2.65倍。蒸散量年内分布不均，5—7月份较强，占全年蒸散总量的45.12%（图3-5）。沙地蒸散能力有明显的地域性，蒸散强度沙地东部向西部递增。1956—2016年的蒸散量也有减弱的趋势，平均每10年下降0.11 mm（图3-2）。

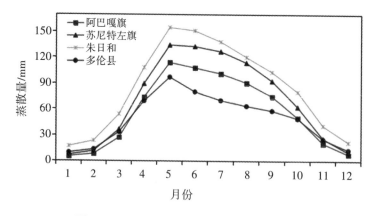

图3-5　1956—2016年研究区六旗县蒸散量

2.3 水文

我国沙漠地区是亚洲中部最大的内流区之一，在干旱少雨、蒸发旺盛的气候条件下，地表径流比较贫乏，再加上地表组成物质疏松透水性强、植被稀疏截留少，几乎没有当地地面径流所形成的常年河流。河流特征主要表现为河流短小，数量较多，流量较小，沿途多绿洲，夏季径流集中，冰冻期较长，且多有河源无河口，在地图上河流的下游通常用虚线表示。浑善达克沙地主要河流是高格斯台河、辉腾高勒河以及恩格尔河，均为典型的内流河。外流河仅滦河的源头上都河，发源于河北省沽源与丰宁两县交界处，经正蓝旗、多伦县，过承德，注入渤海。地下水东部比较丰富，西部比较贫乏。

我国沙漠地区是湖泊分布集中的地区之一，沙漠湖泊是宝贵的自然资源，对于维持沙漠生态环境有重要意义。浑善达克沙地境内大小湖泊众多，据浑善达克沙地1982年Landsat TM遥感影像统计，研究区面积大于1 km²的湖泊有38个，面积大于10 km²的湖泊有4个，分别为达里诺尔、胡日查干淖尔、岗更淖尔和巴彦呼日淖尔（图3-6），湖泊总面积为489.45 km²。2017年Landsat OIL遥感影像统计数据与1982年统计数据相比，面积大于1 km²的湖泊缩减至35个，面积大于10 km²的湖泊降至3个，总面积降至375.32 km²，且萎缩和干涸湖泊主要集中分布在沙地腹地。近35年来，沙地湖泊总体呈萎缩趋势。

浑善达克沙地境内有内蒙古自治区四大淡水湖之一的胡日查干淖尔湖（又名查干淖尔湖）。胡日查干淖尔湖位于沙地北缘，分东、西两湖，东湖面积约为30 km²，常年有水且湖面波动不大；西湖面积约为100 km²，于2002年干涸，大气降水充足的年份，西湖蓄水但水位不高[11]（刘美萍等，2015）。湖泊水源主要靠高格斯台河和恩格尔河补给，恩格尔河流经巴润查干淖尔湖，由南岸向北注入查干淖尔西湖，目前恩格尔河在西湖入口段已经干涸；高格斯台河发源于正蓝旗，流经阿巴嘎旗红格尔高勒镇，进入查干淖尔东湖，为季节性河流。辉腾高勒河发源于阿巴嘎旗红格尔高勒镇，汇入高格斯台河，并注入查干淖尔湖。

浑善达克沙地境内有内蒙古自治区第二大内陆湖达里诺尔湖（图3-6），位于浑善达克沙地东北部，隶属内蒙古赤峰市克什克腾旗，达里诺尔湖湖面呈马蹄形，湖泊水源主要由阿流比流河、贡格尔河、沙里河和自然降水补给，沙里河将达里诺尔湖与岗更淖尔湖连接形成姊妹湖。

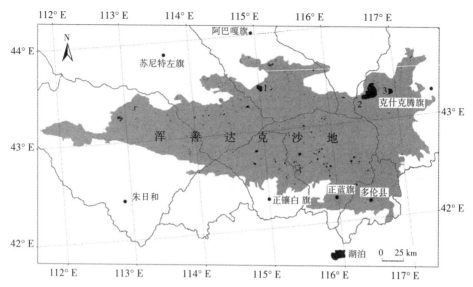

（1、2、3分别代表胡日查干淖尔、达里诺尔、岗更淖尔）

图3-6　2017年浑善达克沙地湖泊分布

2.4　植被

浑善达克沙地植被生长较好，以禾本科和蒿属为主，植被覆盖度在30%～50%以上，沙地植被覆盖度东、西差异明显，沙地西部植被覆盖度较低，东部较高。

（1）地带性植被

浑善达克沙地地带性植被主要为典型草原，多年生植物较少。主要建群种是克氏针茅（Stipa krylovi）、羊草（Leymus chinense）、冰草（Agropyron cristatum）。

（2）非地带性植被

浑善达克沙地非地带性植被为沙化植被，以耐寒的禾本科、菊科及沙生灌木为主。固定、半固定沙丘上除生长大量草本植物外，也分布较多乔木、灌木，且均分布在沙丘的阴坡，包括：榆树（Ulmus pumila）、山丁子（Malus pallasiana）、山樱桃（Cerasus tomentosa）、欧李（Cerasus humilis）和绣线菊（Spiraea hailanensis）等，零星分布云杉（Picea meyeri）和油松（Pinus tabulaeformis）。因此，阴坡植被覆盖度较高，可达60%～70%，阳坡较低，约为30%～40%。丘间地植被茂盛，覆盖度通常在50%以上，是当地主要的牧场。除此之外，沙地乔木有沙地白扦（Picea meyeri）、蒙古栎（Quercus mongolica）；

灌木有黄柳（Salix gordejevii）、沙竹（Psammochloa villosa）、刺梅（Rose Xantina）；草本植物有沙米（Agriophyllum squarrosum）、油蒿（Artemisia ordosica）及杂草，主要建群种是榆树、小叶锦鸡儿（Caragana microphylla）、沙米、油蒿。

2.5 土壤

（1）地带性土壤

浑善达克沙地地带性土壤有暗栗钙土、栗钙土、棕钙土，其中，沙地东部主要为暗栗钙土，沙地西部主要为棕钙土。

（2）非地带性土壤

浑善达克沙地非地带性土壤有风沙土、草甸土、沼泽土等[10]。有机质含量低，稳固性差。同时，在固定沙丘上已发育栗钙土型沙土和松沙质原始栗钙土。沙物质粒径主要集中在0.5～0.05 mm，尤以0.25～0.1 mm为主。沙物质的矿物组成成分以石英为主，是制造玻璃的基本原料。浑善达克沙地东部大青沟沉积物石英含量高达93%，石英砂层连续厚度大，采矿工艺简单，浑善达克沙地南缘（河北承德市围场县）也有石英砂选矿厂。

3 社会经济概况

浑善达克沙地是以牧业利用为主、农业发展为辅的沙区。本研究统计了阿巴嘎旗、苏尼特左旗、苏尼特右旗、正镶白旗、正蓝旗、多伦、克什克腾旗等7个旗县的1986—2016年间的社会经济资料，沙区的社会经济数据则按各旗县沙区所占其旗县总面积的比值估算求得，表3-4中的数据为研究区各旗县近30年的平均状况统计。各旗县的沙区面积占旗县总面积以及占沙区总面积的比例分别为阿巴嘎旗约20%、13%，苏尼特左旗约18%、14%，苏尼特右旗约27%、16%，正镶白旗约67%、10%，正蓝旗约95%、22%，多伦约70%、6%，克什克腾旗约30%、16%。其中，锡林浩特市约6.6%、1.6%，镶黄旗约9%、1.1%，由于旗县的沙区面积占旗县总面积以及占沙区总面积的比例分别不足10%和2%，故锡林浩特市与镶黄旗的概况忽略不计。

表3-4　1986—2016年浑善达克沙地人口及社会经济多年平均概况统计表

地点	地区生产总值/千万元	总人口/万人	乡村人口/万人	耕地面积/km²	人均耕地面积/亩	牲畜头数/万头只
苏尼特右旗	44.43	1.86	0.85	1.03	0.18	20.57

续表3-4

地点	地区生产总值/千万元	总人口/万人	乡村人口/万人	耕地面积/km²	人均耕地面积/亩	牲畜头数/万头只
苏尼特左旗	22.08	0.57	0.33	1.61	0.74	22.19
阿巴嘎旗	31.11	0.85	0.43	1.31	0.46	19.29
正蓝旗	181.58	7.49	5.26	175.64	5.00	51.66
正镶白旗	57.26	4.81	3.73	112.39	4.52	31.08
多伦县	145.67	9.95	5.11	381.31	11.20	21.09
克什克腾旗	118.96	23.85	5.91	209.20	5.31	29.78
浑善达克地区	601.09	49.38	21.62	882.49	6.11	195.65

3.1 人口

2016年，阿巴嘎旗、苏尼特左旗、苏尼特右旗、正镶白旗、正蓝旗、多伦、克什克腾旗等7个旗县的人口总数为66.37万人，按沙地面积所占比例求得其中大约有54%的人口生活在浑善达克沙地，约31.49万人，其中乡村人口占69%，为21.8万人，同年沙地生产总值达232.97亿元。沙地乡村人口的分布也有明显的东、西差异（表1-4），乡村人口主要分布在沙区东南部4旗的正蓝旗、正镶白旗、多伦县和克什克腾旗，沙区西部（苏尼特左旗、苏尼特右旗）及东北部（阿巴嘎旗）3旗的乡村人口只占总乡村人口数的不足8%。近30年，沙地乡村人口以1998年为拐点，总体呈1992—1997年增加，1997—1998年急剧下降，1998—2016年波动上升的趋势（图3-7），且各旗县乡村人口的年际变化趋势大体相同。

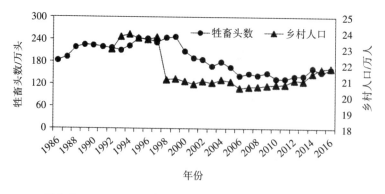

图3-7　1986—2016年浑善达克沙地人口及牲畜头数变化

3.2 耕地

浑善达克沙地耕地面积约为 880 km²，近 30 年来，研究区耕地面积大体呈增加—（1986—1999 年）—减少（1999—2001 年）—平稳发展（2001—2016年）的变化趋势（图 3-8）。研究区耕地面积及人均耕地面积的分布特征与人口分布特征大体相同，均为自东向西递减（表 3-4），这种面积分布的差异与降水量分布的东多西少有关。耕地面积的 99.6% 集中在沙地东南部的多伦县、正镶白旗、正蓝旗及克什克腾旗，尤以多伦县耕地面积及人均耕地面积最高。沙地西部的苏尼特右旗、苏尼特左旗和东北部的阿巴嘎旗耕地面积只占总量的 0.4%。

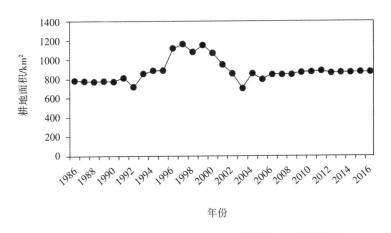

图 3-8 1986—2016 年浑善达克沙地耕地面积变化变化

3.3 牲畜

浑善达克沙地共计牲畜 187.9 万头，其中，牛、马、骆驼等大牲畜 40.6 万头，约占牲畜总数的 26%，且牛居多；羊 115.9 万头，约占牲畜总数的 74%，且绵羊居多。从不同区域来看，尤以研究区西部旗县羊养殖数量占牲畜头数的比例高，苏尼特右旗和苏尼特左旗的比值分别为 94% 和 88%，分别高出其他旗县平均值的 26% 和 20%。研究区牲畜分布区域性差异比较明显，主要分布在沙地东南部四旗，且正蓝旗牲畜头数总数及变化幅度均高于其他旗县。生产总值在1 亿元以上的旗县依次是牲畜头数最大的正蓝旗、耕地面积最多的多伦县和耕地面积第二大的克什克腾旗。

近 30 年来，研究区的畜牧业也随人口的变化而发生改变，经历了先增加后下降再增长的过程，总体呈下降趋势[9]。随着人口的增长，人均耕地不断增加，畜牧业也迅速发展。牲畜头数的增长以及对草地的开垦，使得每羊单位占有的草场面积缩减。21世纪初期，采取了多种措施，牲畜头数才得以有效控制，至2006年，牲畜头数为123.2万。

参考文献

[1]朱震达,吴正,刘恕,等.中国沙漠概论[M].北京:科学出版社,1980.

[2]钟德才.中国现代沙漠动态变化及其发展趋势[J].地球科学进展,1999,14(3):229-234.

[3]丁国栋,李素艳,蔡京艳,等.浑善达克沙地草场资源评价与载畜量研究——以内蒙古正蓝旗沙地区为例[J].生态学杂志,2005(9):1038-1042.

[4]靳鹤龄,苏志珠,孙良英,等.浑善达克沙地全新世气候变化[J].科学通报,2004,49(15):1532-1536.

[5]周亚利,鹿化煜,张家富,等.高精度光释光测年揭示的晚第四纪毛乌素和浑善达克沙地沙丘的固定与活化过程[J].中国沙漠,2005(3):342-350.

[6]刘树林,王涛,郭坚.浑善达克沙地春季风沙活动特征观测研究[J].中国沙漠,2006(3):356-361.

[7]刘树林,王涛.浑善达克沙区沙漠化土地防治区划与对策研究[J].中国沙漠,2010,30(5):999-1005.

[8]闫德仁.浑善达克沙地风蚀坑形态特征及其影响因素[J].地理科学,2016,36(4):637-642.

[9]刘美萍,宁小莉,张雪峰,等.全球变化下的浑善达克沙地演化研究[J].江苏农业科学,2019,47(18):277-283.

[10]吴正.中国沙漠及其治理[M].北京:科学出版社,2009.

[11]刘美萍,哈斯,春喜.近50年来查干淖尔湖泊水量变化及其成因分析[J].湖泊科学,2015,27(1):141-149.

第四章　浑善达克沙地沙漠化时空动态监测

　　土地沙漠化是目前世界上最为严重的生态环境问题之一。沙漠化不仅影响地区生态环境，而且还会影响社会和经济的发展。监测土地沙漠化动态变化，掌握其变化规律对防治沙漠化具有重要的意义。浑善达克沙地处于北方农牧交错带，是我国重点生态功能区，是我国北方生态屏障的重要组成部分，同时也是京津风沙源治理工程的重点区域，对北方的生态安全有着重要意义。本研究以浑善达克沙地为研究区，通过收集区域1982年、1992年、2002年、2011年和2017年的 Landsat TM/OLI 遥感影像数据，基于 eCognition 9.0 软件平台，采用面向对象计算机自动分类与人工目视解译相结合的方法，同时结合反映沙漠化程度的沙漠化差值指数（SDI）提取研究区5期沙漠化遥感监测数据。最后采用野外样点调查和高分辨率影像对数据精度进行验证。本数据集可以作为浑善达克沙地不同时期沙漠化评价的基础数据，为浑善达克沙地沙漠化防治工作以及区域可持续发展决策提供科学依据。

　　沙漠化是包括气候变化和人类活动在内的种种因素造成的干旱、半干旱和干旱亚湿润地区的土地退化，属于破坏性的生物地理过程，通常将造成生物多样性降低、土壤肥力下降乃至生态承载力丧失[1, 2]。土地沙漠化是目前世界上最为严重的生态环境问题之一，据统计已有100多个国家正受到土地沙漠化的影响，沙漠化不仅破坏生态环境，也会削弱社会和经济的发展。近年来，沙漠化问题正引起广泛的关注，沙漠化的治理问题成为困扰国内外研究学者的重要问题。监测土地沙漠化动态变化，掌握其变化规律对我国北方地区的沙漠化防治有很重要的意义。

　　浑善达克沙地是我国第三大沙地，地处中国北方荒漠化地区中部，是荒漠化最严重的地区之一。该地区自然条件严酷，气候波动性大、土地利用的多样性以及社会经济条件的复杂性使该地区成为响应全球变化的敏感地带。在过去的半个多世纪，受气候变化和人类的开垦、过牧等高强度的干扰，脆弱的沙地生态系统遭到了极大破坏。加之对草原的掠夺式利用，使得沙地植被退化，土地沙化严重、水土流失加剧，沙尘暴肆虐，已对本地区的生产、生活和生态安全构成严重威胁，直接影响了地区的可持续发展。已有研究表明，浑善达克沙地是沙尘暴的主要沙尘源地之一，是京津沙源治理工程的重点区域。通过多年的治理，该地区的沙漠化发展势头整体上得到些遏制，局部地区开始逆转，防治沙漠化工程取得一定成效[3]。

遥感技术为人们提供了一种全新的沙漠化监测手段，它具有观测范围广、信息量大、数据更新快和精度高的特点，通过遥感图像解译或者定量反演都可以准确、及时地获取沙漠化土地变化的信息。沙漠化在遥感影像上表现为裸地地表信息的增强和植被信息的减弱，可以采用地表反照率、地表温度、地表湿度、植被指数、植被覆盖度等指标因子表征。沙漠化过程导致的地表下垫面情况发生变化，从而使地表反照率发生明显的变化。Li[4]等经过定位观测研究表明，当地表反照率达到一定数值时，会发生草地沙漠化，沙漠化发生的地表反照率阈值为0.3。近年来，基于NDVI-Albedo（沙漠化差值指数−地表反照率）特征空间的关系，构建沙漠化差值指数（SDI）[5, 6]，从而获取沙漠化程度评估分级的方法在沙漠化定量评价中得到了一定的应用[5, 7, 8]。该方法使用简单，易于获取指标，在沙漠化的分类及分级中，较仅仅使用遥感光谱信息进行分类的方法精度更高。

本研究以浑善达克沙地为研究区，包括内蒙古自治区锡林郭勒盟下辖锡林浩特市、正蓝旗、多伦县、阿巴嘎旗、正镶白旗、镶黄旗、苏尼特左旗、苏尼特右旗以及赤峰市下辖克什克腾旗的部分地区。以Landsat TM/OLI系列数据为主要数据源，采用基于面向对象的分类方法，以归一化植被指数（NDVI）与Albedo为监测指标，通过构造Albedo-NDVI特征空间，构建浑善达克沙地SDI公式，结合沙漠化差值指数SDI评价浑善达克沙地沙漠化程度，并完成1982—2017年共5期浑善达克沙地沙漠化信息提取，并通过地面调查验证和高分辨率卫星影像解译验证的手段，得到研究区1982年、1992年、2002年、2011年和2017年5期沙漠化监测数据集。研究成果可以为相关部门的治理和决策提供技术支持。

1 沙漠化分类指标体系及解译标志

　　根据已有的国家沙漠化土地分类系统以及本地区的沙漠化分类建立浑善达克沙地沙漠化土地分类系统（表4-1）。

表4-1　浑善达克沙地沙漠化土地分类系统

沙漠化类型	解译标志	地面特征
轻度沙漠化土地		植被覆盖度>60%,有流线状纹理,局部地区有褐色斑点,淡青到灰色,具有灰、黑、红色暗星点状图案。局部发白,纹理较细密。
中度沙漠化土地		植被覆盖度为30%～60%,红白色斑块相间,有稀疏的斑点、星点,有红到褐色花纹图案,局部地区呈淡青色,沙丘多,浑圆状,长条状。淡青色到灰白色,并可见沙丘的不同组合形态。
重度沙漠化土地		植被覆盖度为10%～30%,以浅黄色或黄白色为基底色,其中夹有少量红色斑点,底色发青,流线状,波状纹纹理清晰可见,在沙丘间可看到零星淡褐色斑点。
极重度沙漠化土地		植被覆盖度<10%,整体显示为明亮,达到白色或浅黄色,很少有红色斑点,底色为淡黄色,沙脊由灰向白过渡,沙丘组合形式明显,可见波状或蜂窝状清晰纹理图案,高大沙丘及沙丘链间有深色阴影,局部地区出现白色亮斑。
盐碱地		植被覆盖度<5%,表层盐碱聚集,植被稀少,只生长天然耐盐植物的土地。

续表4-1

沙漠化类型	解译标志	地面特征
耕地		种植农作物的土地,地面80%以上是生产作物的土地。
草地		以天然草本植物为主,未经改良,用于放牧或割草的非沙化土地的草地。
水体		研究区内的河流、湖泊等。
居民地		居民点、建设用地以及城镇、乡村等。
其他		研究区内的沼泽地、灌木林地等其他非沙化土地类型。

2 基于面向对象方法的浑善达克沙地沙漠化遥感监测

2.1 研究区的确定

目前，国内对浑善达克沙地范围存在不统一的认识，不同的研究文献所选择的研究区范围也不尽相同。研究区范围的差异，导致了研究得出的结论差异较大。本书综合考虑前人的研究结果，采用银山划定的浑善达克沙地的范围作为本书的研究区[3]。该范围基于沙漠化发生的区域，同时参考内蒙古自治区地貌图、土壤图和不同时期的遥感影像等资料，并结合野外实地考察验证的基础而划定浑善达克沙地的范围，具有很好的科学性和合理性。

根据该研究范围，浑善达克沙地包括锡林郭勒盟的锡林浩特市、阿巴嘎旗、苏尼特左旗、苏尼特右旗、镶黄旗、正镶白旗、正蓝旗、多伦县和赤峰市的克什克腾旗等9个旗县（市）。范围如图4-1，范围为：111°27′34.2″—117°10′46.9″E，41°10′10.5″—42°58′30.7″N，研究区总面积为4163967.6 hm²。

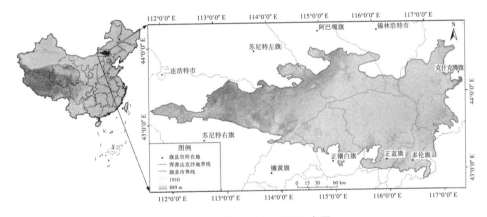

图4-1 浑善达克沙地位置示意图

2.2 野外调查及其数据获取

项目组于2018年7月23日至8月1日从包头出发，经呼和浩特市沿武川县、四子王旗、苏尼特右旗进入浑善达克沙地西部，结合研究区的土地覆被类型及其变化情况，根据线路的可达性设置考察路线。主要为取样调查，沿考察路线约每15~20 km设置一个样地，实地随机选取样方位置，保证样方设置具有代表性。在研究区不同沙漠化土地分布区域选择不同沙漠化程度（未沙漠化、轻度沙漠化、中度沙漠化、重度沙漠化、极重度沙漠化）的典型样地共57个（图4-2），在每个样地内随机布设3个1 m×1 m的草本样方，记录样方内的植物种类，测量植物群落高度、估测群落盖度，垂直拍摄样方后齐地分种剪草，带回实验室烘干称重。同时记录样地的GPS定位信息，详细观察记录植被、土壤、地貌等自然因素以及土地利用、沙漠化状况等内容。

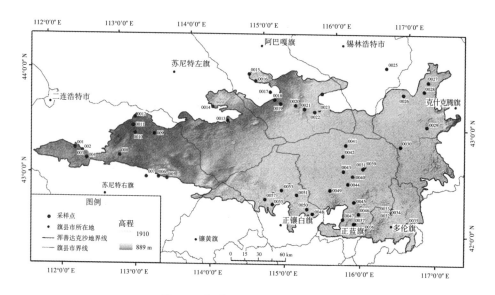

图4-2　浑善达克沙地样点示意图

2.3　遥感数据的获取与预处理

浑善达克沙地沙漠化遥感监测数据的数据源为Landsat TM和Landsat OLI数据（表4-2），主要从美国地质调查局（USGS，https：//glovis.usgs.gov/）获取。Landsat TM/OLI遥感图像获取的5个时期分别为1982年、1992年、2012年和2017年植被生长季7—9月，研究区范围共涉及6景TM/OLI影像（见图4-3），轨道号分别为：123-30景、124-30景、124-31景、125-30景、126-30景和127-30景；同时要求遥感影像云量覆盖要求小于10%，时相要求每个轨道号影像必须有一景为植被生长季，以7—9月为最佳。其次根据沙漠化类型提取时阈值设定范围，补充非生长季影像和其他可以反映不同地物差异的时相影像。本研究获取共获取1982—2017年5个时期Landsat TM/OLI数据为105景。

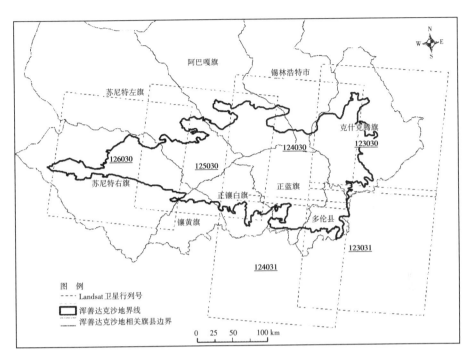

图 4-3　研究区遥感图像覆盖轨道号

使用 ENVI5.3 软件对 Landsat TM/OLI 数据进行辐射校正和大气校正，之后进行镶嵌处理，使整个研究区镶嵌的影像匀色一致。不同时期的遥感图像镶嵌处理可以在 ERDAS 软件或国产 Qmosaic 6 软件下进行。此步骤处理对于后续图像分类非常重要，需要反复认真调试直至镶嵌匀色完好，再将所有数据投影转为 Albers 等面积投影（Central Meridian：105；Standard Parallel：1：25；Standard Parallel：2：47），之后利用浑善达克沙地矢量边界进行数据裁剪（图4-4），即可得到不同时期研究区的遥感镶嵌图。此外，数据验证采用国产高分2号（GF2）数据以及野外实地采样数据，所有遥感数据的详细列表如表4-2所示。

表4-2　研究采用的数据列表

数据名称	时间	来源	类型
Landsat TM	1982—2011	美国地质勘探局 USGS	栅格（30 m）
Landsat GLI	2013—2017	美国地质勘探局 USGS	栅格（15 m，30 m）
高分二号（GF2）	2017	中国资源卫星应用中心	栅格（2.5 m）

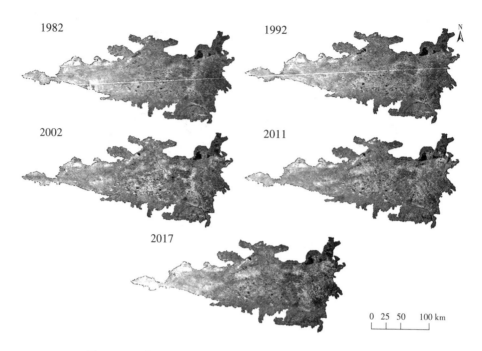

图 4-4　浑善达克沙地不同时期 Landsat TM/OLI 影像镶嵌图

2.4　其他专题数据获取

本研究辅以"中国科学院寒区旱区数据中心"（http：//data.casnw.net/portal/）提供的中国 1：10 万沙漠（沙地）分布数据集为研究参考数据。该数据集是我国第一个 1：10 万沙漠空间数据库，重点反映我国沙漠的地理分布、面积大小、沙丘的流动性与固定程度。该数据集是对全国土地利用现状图的 Coverage和 2000 年 Landsat TM 数字影像信息进行解译、提取、修编而成。

2.5　沙漠化遥感监测流程

沙漠化遥感监测分类方法采用基于面向对象的分类算法，并利用决策树的思想逐级开展[9, 10]。面向对象是一种分类思想，其并不局限于某一种独特的分类算法。面向对象分类主要包括影像分割和对象特征提取两个过程。通过对影像进行分割，将具有相同或相近特征的邻近像元组成一个对象，并将此对象作为影像分析的单元[11, 12]。面向对象分类方法越来越广泛地应用于基于遥感数据的信息分类中，该方法是指通过对影像进行分割，使同质像元组成大小不同的对象[13, 14]，以每个对象为处理单元，获取对应地物的光谱信息，并综合利用影像对象的纹理、形状、空间拓扑关系等信息，从而更加全面地描述分析对象以达到更好的分析效果，实现对地物特征进行提取。具体流程图如图 4-5 所示。

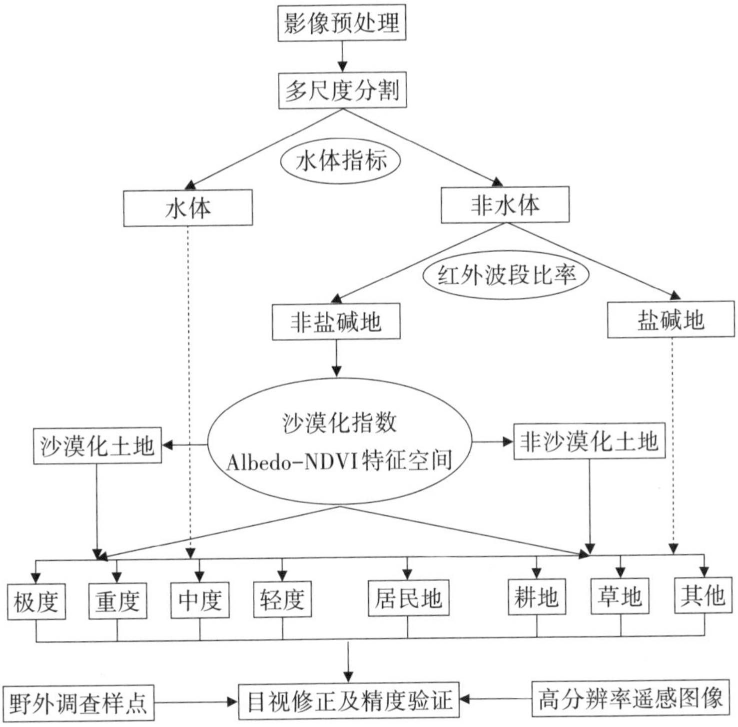

图 4-5 沙漠化遥感监测模拟流程

2.5.1 图像分割尺度的确定

利用面向对象分类方法对遥感影像进行信息提取之前，必须借助图像分割方法来获得影像对象。图像分割（Image Segmentation）技术是一种重要的影像分析技术，是指把影像分成各具特性的区域并提取出感兴趣区域的技术和过程[15]。由于不同地物类型的分割尺度不同，因此，图像分割尺度的确定是遥感信息提取的关键步骤。影像的多尺度分割技术是一个局部优化过程，从任一个像元开始，采用自上而下的区域合并方法形成对象，每一个对象的大小调整都必须确保合并后的对象的异质性小于给定的阈值[16]。对所有面向对象的信息提取方法来说，成功的影像分割是必要前提，影像分割本身不是目的，但其分割的尺度和精度对下一步分类的精度影响很大[17]。所以本书在遥感影像分类提取过程中采用多尺度对象分割。借助 ESP2（Estimation of Scale Parameter 2）工具，对研究典型地区进行分割尺度评价得出最适合的分割尺度。ESP2 工具通过计算不同分割尺度参数下影像对象同质性的局部变化（Local Variance，LV）的变化率值ROC-LV（Rates of Change of LV）来指示对象分割效果最佳参数。当LV的变化率值最大即出现峰值时，该点对应的分割尺度即为最佳分割尺度，一般来说，ESP2计算得到的最优分割尺度并非只有一个，这是由于几个最优分割尺度是针对影像内不同地物得出的。通过图4-6可知，在默认形状因子0.1和紧致因子为0.5时，最优分割尺度为52。

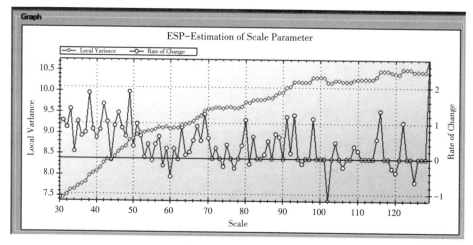

图4-6　浑善达克沙地Landsat TM/OIL图像最优分割尺度

2.5.2　主要特征指数

基于面向对象分类方法提取沙漠化数据时，在对不同地物进行阈值设定时需要不同的参数信息，除了影像的波段和纹理信息，还有水体指数、归一化植被指数、Albedo等一些表征特定地物的指数，具体如下：

（1）陆地和水体指数（Land and Water Index，LWI）

$$LWI = (Infra\text{-}RED) / (GREEN + 0.0001) \times 100 \tag{1}$$

其中 $Infra\text{-}RED$、$GREEN$ 分别为红外波段和绿波段，分别对应 Landsat TM 图像的第5波段和第2波段以及 Landsat OLI 图像的第6波段和第3波段。

（2）归一化植被指数（Normalized Difference Vegetation Index，NDVI）

NDVI也称生物量指标变化，可使植被从水和土壤中分离出来，NDVI主要应用于监测植被生长状态、植被覆盖度和消除部分辐射误差等。本书中使用的30 m 的 Landsat TM/OLI植被指数数据是基于 Landsat TM/OLI遥感图像数据产品。NDVI计算公式为：

$$NDVI = (NIR - RED) / (NIR + RED) \tag{2}$$

其中 NIR 和 RED 分别为近红外波段和红外波段，分别对应 Landsat TM 图像的第4波段和第3波段以及Landsat OLI图像的第5波段和第4波段。

（3）Albedo

Albedo是遥感反演中的重要参数，指单位时间、单位面积内地表全部反射辐射通量与入射太阳总辐射通量之比。随着沙漠化程度增加，地表形态发生显著变化，集中表现在地表植被覆盖率下降，土壤有机质含量降低，土壤水分减少，地表粗糙度增加，反照率上升。Landsat TM/OLI反照率的转化使用的是Liang[18, 19]研究的算法计算，公式如下：

$$Albedo (TM) = 0.356b_1 + 0.130b_3 + 0.373b_4 + 0.085b_5 + 0.072b_7 - 0.0018$$
$$Albedo (OLI) = 0.356b_2 + 0.130b_4 + 0.373b_5 + 0.085b_6 + 0.072b_7 - 0.0018 \quad (3)$$

其中b_1、b_2、b_3、b_4、b_5、b_6、b_7分别对应Landsat TM和Landsat OLI的相应波段。

（4）基于Albedo与NDVI构建沙漠化指数（SDI）

基于不同时期生长季Landsat TM/OLI的NDVI和Albedo构建的沙漠化差值指数，需要以不同时期研究区镶嵌好的Landsat TM/OLI图像作为基础数据。

NDVI与植被覆盖度成正比，而Albedo与植被覆盖度成反比。根据NDVI与植被覆盖度的正相关关系以及NDVI与Albedo的负相关关系可以得到Albedo-NDVI二维空间特征图。本书以1992年数据为例，先对NDVI和Albedo数据进行归一化处理，然后在研究区域均匀选择3000个样本点，构建出Albedo和NDVI的负相关关系如下：

$$Albedo = -0.7027NDVI + 0.866 \quad (4)$$

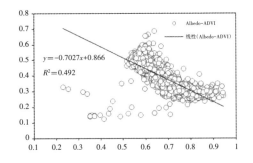
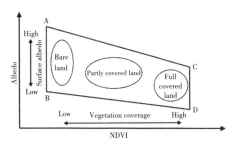

图4-7　浑善达克沙地Albedo-NDVI二维特征空间图（1992年）

如图4-7所示，由Albedo-NDVI构造的特征空间中，可以得到$R^2 = 0.492$。在Albedo-NDVI空间中，Albedo与NDVI的负相关关系式的不同位置，代表沙漠化不同阶段的状态和程度，沙漠化程度随着NDVI值的减小而增加，随着Albedo值的增加而增加，即Albedo-NDVI的负相关线性表达式可以反映沙漠化的变化趋势。SDI可以构建为：

$$SDI = \alpha \times NDVI - Albedo \qquad (5)$$

其中，α 为 Albedo-NDVI 负相关关系表达式斜率的倒数。

$$\alpha \times k = -1 \qquad (6)$$

根据上面的计算结果，Albedo-NDVI的负相关关系斜率 $k = -0.7027$，则 $\alpha = 1.423$，SDI 的表达式如下：

$$SDI = 1.423NDVI - Albedo \qquad (7)$$

我们采用同样的方法处理其他四个时期的数据构建 Albedo-NDVI 二维特征空间图（图4-8），据此来建立沙漠化指数模型。

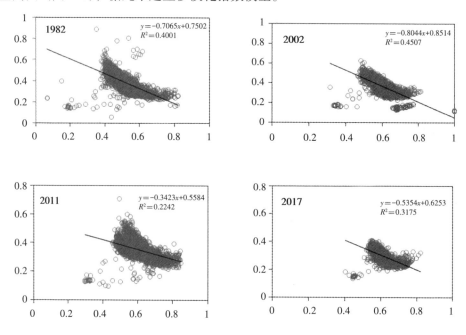

图 4-8　浑善达克沙地1982—2017年其他四个时期Albedo-NDVI二维特征空间图

2.5 3　精度评价

精度评价是用实地数据与分类结果进行比较，以确定分类结果的准确程度。分类结果精度评价是进行土地覆被/利用遥感监测中重要的一步，也是分类结果是否可信的一种度量。最常用的精度评价方法是误差矩阵或混淆矩阵（Confusion Matrix）方法，从误差矩阵可以计算出各种精度统计值，如总体正确率、使用者正确率、生产者正确率、Kappa 系数等。本研究的总体分类精度（Overall Accuracy）分别为95.13%和87%

3 浑善达克沙地沙漠化时空动态分析

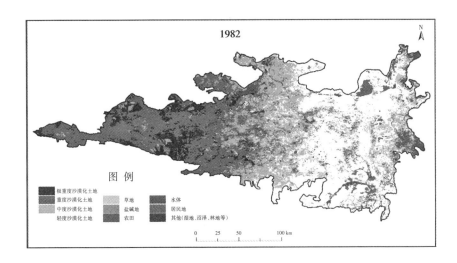

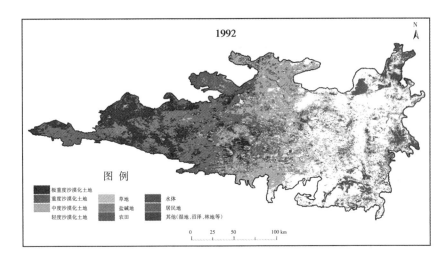

图 4-9 1982—2017 年不同时期浑善达克沙地沙漠化遥感监测图

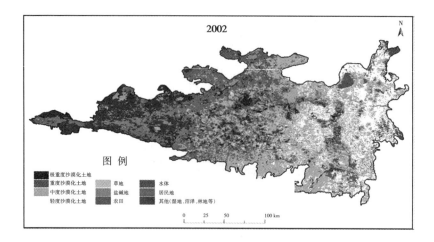

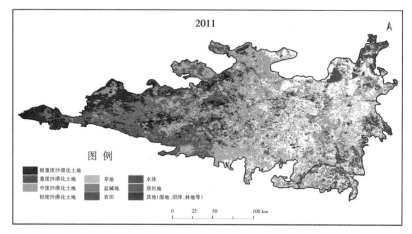

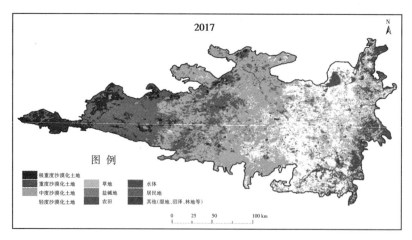

续图4-9　1982—2017年不同时期浑善达克沙地沙漠化遥感监测图

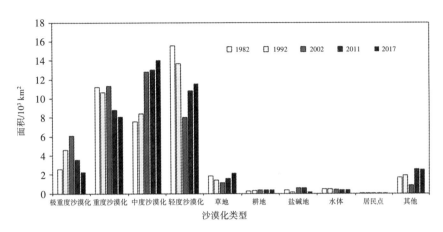

图4-10 不同时期浑善达克沙地不同沙漠化类型土地面积变化

表4-3 不同时期浑善达克沙地沙漠化土地面积变化

沙漠化土地类型	不同时期沙漠化土地面积/10³ km²				
	1982	1992	2002	2011	2017
极重度沙漠化土地	2.59	4.59	6.10	3.55	2.28
重度沙漠化土地	11.19	10.65	11.34	8.78	8.11
中度沙漠化土地	7.59	8.40	12.81	13.00	14.03
轻度沙漠化土地	15.56	13.66	8.00	10.80	11.54
草地	1.86	1.42	1.15	1.60	2.15
耕地	0.25	0.32	0.39	0.35	0.41
盐碱地	0.39	0.15	0.59	0.60	0.16
水体	0.50	0.50	0.40	0.37	0.40
居民点	0.01	0.01	0.02	0.02	0.04
其他	1.70	1.92	0.84	2.56	2.52
合计	41.64	41.64	41.64	41.64	41.64

从不同时期的沙漠化程度上看，极重度荒漠化土地面积经历了先升高后降低的变化，从1982年的2.59×10³ km²增加到2002年的6.10×10³ km²，之后又降低到2017年的2.28×10³ km²。重度沙漠化土地面积也经历了先升高后降低的变化过程，从1982年的11.19×10³ km²轻微增加到2002年的11.34×10³ km²，之后又迅速降低到2017年的8.11×10³ km²。中度沙漠化土地面积则是一直在不断地增加，从1982年的7.59×10³ km²增加到2017年的14.03×10³ km²。轻度沙漠化土地面积经历了先减低后增加的变化过程，从1982年的15.56×10³ km²降低到

2002年的$8.00 \times 10^3 \text{ km}^2$，之后又增加到2017年的$11.54 \times 10^3 \text{ km}^2$。其他土地覆盖类型当中，草地的面积一直在增加，耕地面积总体呈现增加趋势，同时居民点也在一直不断增加，而盐碱地的面积在不断降低，水体的面积总体也呈现不断减小的趋势。而林地、湿地等其他土地覆盖类型总体呈先减小后增加的趋势，从1982年的$1.70 \times 10^3 \text{ km}^2$减小到2002年的$0.84 \times 10^3 \text{ km}^2$，之后又增加到2017年的$2.52 \times 10^3 \text{ km}^2$。

3.1 沙漠化动态度

沙漠化动态度用于定量描述沙漠化土地面积的变化速度，用于指示沙漠化的发展趋势。其计算公式为[3]：

$$K = （U_b - U_a）/U_a \times 1/T \times 100\%$$

式中，K为某一时间段某一沙漠化类型的动态度，U_a、U_b分别为该沙漠化类型在该时段的起始时间的面积，T为时长。当T的单位为年时，动态度即为年变化率。

分别计算不同时期研究区的沙漠化面积变化及动态度，如表4-4。

表4-4 不同时期浑善达克沙地沙漠化土地变化及动态度

沙漠化土地类型	不同时期沙漠化土地面积变化(10^3 km^2)及动态度(%)							
	1982—1992		1992—2002		2002—2011		2011—2017	
	面积变化	动态度	面积变化	动态度	面积变化	动态度	面积变化	动态度
极重度沙漠化土地	2.00	0.06	1.51	0.03	-2.55	-0.04	-1.27	-0.05
重度沙漠化土地	-0.54	-0.004	0.69	0.01	-2.56	-0.02	-0.67	-0.01
中度沙漠化土地	0.81	0.01	4.41	0.04	0.19	0.002	1.03	0.01
轻度沙漠化土地	-1.89	-0.01	-5.67	-0.03	2.80	0.03	0.74	0.01
沙漠化土地小计	0.38	0.06	0.94	0.05	-2.12	-0.03	-0.17	-0.04
草地	-0.44	-0.02	-0.27	-0.02	0.46	0.04	0.55	0.05
耕地	0.07	0.02	0.07	0.02	-0.04	-0.01	0.06	0.03
盐碱地	-0.24	-0.05	0.44	0.24	0.01	0.00	-0.44	-0.11
水体	0.00	0.00	-0.10	-0.02	-0.03	-0.01	0.03	0.01
居民点	0.00	0.02	0.01	0.06	0.01	0.05	0.01	0.09
其他	0.22	0.01	-1.08	-0.05	1.71	0.18	-0.04	0.00

由表4-4得知，1982—1992年间浑善达克沙地的土地沙漠化程度加剧。其中，极重度沙漠化土地面积和中度沙漠化土地面积都有所增加，其中，极重度沙漠化土地面积增加了$2.00 \times 10^3 \text{km}^2$，动态度为0.06%；中度沙漠化土地面积增加了

$0.81 \times 10^3 \, \mathrm{km^2}$，动态度为 0.01%。同时，重度沙漠化土地面积、轻度沙漠化土地面积都有所减少，重度沙漠化土地面积减少了 $0.54 \times 10^3 \, \mathrm{km^2}$，动态度为 0.004%；轻度沙漠化土地面积减少了 $1.89 \times 10^3 \, \mathrm{km^2}$，动态度为 -0.01%。总体上，沙漠化土地面积增加 $0.38 \times 10^3 \, \mathrm{km^2}$，动态度为 0.06%，沙漠化土地面积变化不是太明显。

1992—2002 年间浑善达克沙地的土地沙漠化程度持续加剧。其中，极重度沙漠化土地面积、重度沙漠化土地面积和中度沙漠化土地面积都在增加，其中，中重度沙漠化土地面积增加的程度最大，增加了 $4.41 \times 10^3 \, \mathrm{km^2}$；动态度为 0.04%；极重度沙漠化土地面积增加了 $1.51 \times 10^3 \, \mathrm{km^2}$，动态度为 0.03%，重度沙漠化土地面积增加了 $0.69 \times 10^3 \, \mathrm{km^2}$，动态度为 0.01%。同时，轻度沙漠化土地面积减少较多，轻度沙漠化土地面积减少了 $5.67 \times 10^3 \, \mathrm{km^2}$，动态度为 -0.03%。总体上，这一时期沙漠化土地面积继续增加 $0.94 \times 10^3 \, \mathrm{km^2}$，动态度为 0.05%，沙漠化土地面积变化呈现明显趋势。

2002—2011 年间浑善达克沙地的土地沙漠化程度发生逆转。其中，极重度沙漠化土地面积、重度沙漠化土地面积都在减少，其中，极重度和重度沙漠化土地面积分别减少了 $2.55 \times 10^3 \, \mathrm{km^2}$ 和 $2.56 \times 10^3 \, \mathrm{km^2}$，动态度分别为 -0.04% 和 -0.02%，同时，轻度沙漠化土地面积和中度沙漠化土地面积增加较多，分别增加 $0.19 \times 10^3 \, \mathrm{km^2}$ 和 $2.80 \times 10^3 \, \mathrm{km^2}$，动态度分别为 0.002% 和 0.03%。总体上沙漠化呈现逆转趋势，沙漠化土地面积减少 $2.21 \times 10^3 \, \mathrm{km^2}$，动态度为 -0.03%，沙漠化土地面积变化呈现降低趋势。

2011—2017 年间浑善达克沙地的土地沙漠化持续发生逆转。其中，极重度沙漠化土地面积、重度沙漠化土地面积都在减少，其中，极重度沙漠化土地面积和重度沙漠化土地面积分别减少了 $1.27 \times 10^3 \, \mathrm{km^2}$ 和 $0.67 \times 10^3 \, \mathrm{km^2}$，动态度分别为 -0.05% 和 -0.01%，与前一时期相比，变化幅度变小，同时，轻度沙漠化土地面积和中度沙漠化土地面积增加，分别增加 $1.03 \times 10^3 \, \mathrm{km^2}$ 和 $0.74 \times 10^3 \, \mathrm{km^2}$，动态度都为 0.01%。总体上，沙漠化呈现逆转趋势，但幅度较前一时期变小，沙漠化土地面积减少了 $0.17 \times 10^3 \, \mathrm{km^2}$，动态度为 -0.04%，沙漠化土地面积变化呈现继续变好趋势。

3.2　沙漠化空间转移特征

转移矩阵方法是研究土地利用空间转移特征的主要方法，可以有效地表示土地利用空间转移特征。沙漠化程度的转移矩阵是利用 GIS 软件的空间叠加功能，进行矢量图叠加生成动态变化图，在沙漠化研究中，用以表示不同沙漠化类型之间的相互转化程度，进而探究沙漠化动态变化，揭示沙漠化动态发展趋势。转移矩阵的形式如下：

$$A_{ij} = \begin{bmatrix} A_{11} & A_{11} & \cdots & A_{1j} \\ A_{21} & A_{22} & \cdots & A_{2j} \\ \vdots & & & \vdots \\ A_{i1} & A_{i2} & \cdots & A_{ij} \end{bmatrix}$$ (9)

其中：A_{ij}是指k时期的i种沙漠化程度转变为$k+1$时期j种沙漠化程度的面积。

在ArcGIS软件的空间分析功能支撑下，分别将1982年与1992年、1992年与2000年、2000年与2011年及2011年与2017年的研究区沙漠化程度分级图进行叠加，生成1982—1992年、1992—2002年、2002—2011年和2011—2017年沙漠化动态变化图，如图4-11—图4-14所示。图例中，1表示未沙漠化，2表示轻度沙漠化，3表示中度沙漠化，4表示重度沙漠化，5表示极重度沙漠化，0表示转化。如102表示非沙漠化转为轻度沙漠化，以此类推。

表4-5 1982—1992年研究区沙漠化土地动态变化转移矩阵

面积/km²	1992					总计
	未沙漠化	轻度沙漠化	中度沙漠化	重度沙漠化	极重度沙漠化	
未沙漠化	3151.79	1230.29	53.73	47.99	216.77	4700.57
轻度沙漠化	1070.92	11693.83	2587.39	203.45	4.31	15559.90
1982 中度沙漠化	28.31	683.26	4769.97	2044.34	68.22	7594.10
重度沙漠化	43.88	56.19	956.17	7708.03	2430.34	11194.62
极重度沙漠化	29.11	1.43	34.96	649.99	1875.01	2590.49
总计	4324.01	13665.00	8402.22	10653.80	4594.66	41639.68

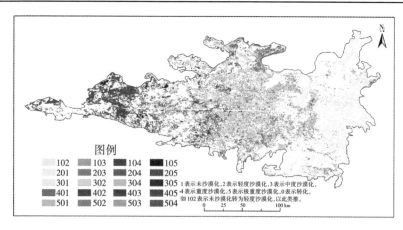

图4-11 1982—1992年浑善达克沙地土地沙漠化动态变化图

表4-6 1992—2002年研究区沙漠化土地动态变化转移矩阵

面积/km²	2002					总计
	未沙漠化	轻度沙漠化	中度沙漠化	重度沙漠化	极重度沙漠化	
未沙漠化	2393.65	1613.33	233.90	35.08	48.05	4324.01
轻度沙漠化	545.34	6061.68	6452.32	565.91	39.74	13664.99
中度沙漠化	78.52	291.96	4547.97	3077.37	406.40	8402.22
重度沙漠化	83.52	29.87	1513.59	6391.32	2635.50	10653.80
极重度沙漠化	278.37	1.66	59.52	1281.48	2973.63	4594.66
总计	3379.40	7998.50	12807.30	11351.16	6103.32	41639.68

（1992为表格左侧纵向标题）

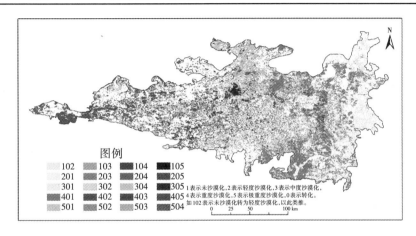

图4-12 1992—2002年浑善达克沙地土地沙漠化动态变化图

表4-7 2002—2011年研究区沙漠化土地动态变化转移矩阵

面积/km²	2011					总计
	未沙漠化	轻度沙漠化	中度沙漠化	重度沙漠化	极重度沙漠化	
未沙漠化	2496.19	479.13	112.52	57.76	233.81	3379.40
轻度沙漠化	2143.19	4880.54	930.55	38.97	5.25	7998.50
中度沙漠化	540.16	5050.73	6150.64	1011.59	54.19	12807.30
重度沙漠化	72.13	368.45	5157.60	4987.27	765.71	11351.16
极重度沙漠化	254.84	20.89	646.78	2688.51	2492.30	6103.32
总计	5506.50	10799.73	12998.09	8784.10	3551.26	41639.68

（2002为表格左侧纵向标题）

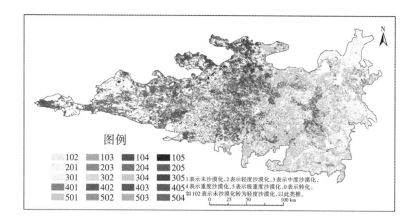

图4-13　2002—2011年浑善达克沙地土地沙漠化动态变化图

表4-8　2011—2017年研究区沙漠化土地动态变化转移矩阵/km²

	面积/km²	2017					总计
		未沙漠化	轻度沙漠化	中度沙漠化	重度沙漠化	极重度沙漠化	
2011	未沙漠化	3503.80	1368.69	148.01	191.24	294.76	5506.50
	轻度沙漠化	1836.14	7013.32	1922.43	27.48	0.37	10799.73
	中度沙漠化	246.48	3040.49	8572.47	1119.97	18.68	12998.09
	重度沙漠化	29.03	109.28	3235.72	4948.02	462.05	8784.10
	极重度沙漠化	56.92	8.72	153.26	1824.45	1507.91	3551.26
	总计	5672.36	11540.50	14031.90	8111.15	2283.77	41639.68

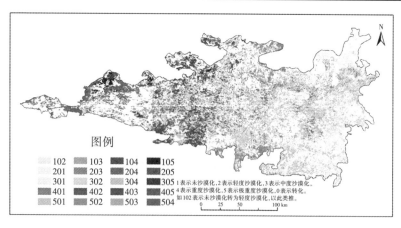

图4-14　2011—2017年浑善达克沙地土地沙漠化动态变化图

不同程度沙漠化土地类型面积的动态变化，能够敏感地指示区域沙漠化发展的历史过程和总趋势。利用1982—1992年、1992—2002年、2000—2010年、2010—2017年沙漠化动态矢量图互相叠加分析，获得4期的不同程度沙漠化土地类型转移数据，运算出动态度和动态变化转移矩阵，如表4-5—表4-8、图4-11—图4-14所示。

4　Landsat沙漠化监测结果的GF2验证

遥感影像有空间分辨率、时间分辨率、辐射分辨率和波谱分辨率。空间分辨率是指像素所代表的地面范围的大小。时间分辨率是指对同一地点进行遥感采样的时间间隔，也叫采样的时间频率。辐射分辨率是指传感器接收波谱信号时能分辨的最小辐射度差。波谱分辨率是指传感器在接收目标辐射波谱时能分辨的最小波长间隔。本项目应用30 m的Landsat影像对浑善达克沙地进行沙漠化监测，而30 m的空间分辨率较高，因此，为了保证监测结果的精确性，应用具有4 m空间分辨率的GF2遥感影像对监测结果进行验证。由于GF2遥感影像的空间分辨率高，影像上呈现出的各类地物细节更加清晰，直接用肉眼就能辨别，因此可以作为一种有力的验证数据对Landsat沙漠化监测结果进行评价。具体验证的原理是根据GF2影像上呈现的地物大小、形状、阴影、颜色、纹理和图案等进行目视判读，然后与Landsat沙漠化监测结果进行对比验证，最后总结并建立基于GF2影像的不同程度沙漠化土地和其他土地利用类型的解译标志。

验证的步骤如下：

（1）基于Landsat影像图，采用面向对象的分类方法对浑善达克沙地进行沙漠化监测。

（2）对GF2影像进行预处理。对原始GF2影像进行正射纠正，是为了保证Landsat影像与GF2影像的叠加。对正射纠正影像进行标准假彩色合成，在彩色合成中，若将TM4、TM3、TM2对应R、G、B，则称为标准假彩色合成。即将近红外波段对应于红色，红光波段对应于绿色，绿光波段对应于蓝色，这样得到的假彩色合成图像称为标准假彩色图像。假彩色合成是为了更好地进行遥感图像解译，比真彩色更便于识别地物类型、范围大小等。因为绿色植物在绿波段具有高反射率，在近红外波段具有最高的反射率。所以，在标准假彩色合成中，绿波段赋蓝，红波段赋绿，红外波段赋红，蓝色与红色相加为品红，但红多蓝少，因此品红偏红，所以植被在影像中大致呈红色，水体呈蓝偏黑色，重盐碱地呈现白色。

（3）对野外采样点建立 300 m 的缓冲区，并运用已建立的圆形缓冲区对 GF2 的标准假彩色合成影像进行裁剪。

（4）对 Landsat 影像及其监测结果进行裁剪。运用已建立的圆形缓冲区对 Landsat 影像和相应的检测结果图进行裁剪。

（5）对裁剪后的影像进行出图，以便后续验证。

（6）根据验证后的结果进行调整。

本研究一共对 28 个点位进行了验证，Landsat 的检测结果与 GF2 影像经过目视判读得到的结果具有较强的一致性。其中，有 14 个点位具有单一的土地类型，即 6 个轻度沙漠化土地、7 个中度沙漠化土地和 1 个极重度沙漠化土地。另外，还有 14 个具有两种或两种以上土地类型的点位。除了四种不同程度的沙漠化土地类型，也有 8 个点位监测到草地和其他类地物。此外，本项目根据 28 个点位的 GF2 影像目视判读情况，整理总结出基于 GF2 影像的不同程度沙漠化土地和其他土地利用类型的解译标志（见表 4-9）。该表可以辅助研究人员对 GF2 影像进行目视解译，从而判断不同土地类型的分布状况，以达到对 Landsat 沙漠检测结果进行验证的目的。

表 4-9　基于 GF2 影像的不同程度沙漠化土地和其他土地利用类型的解译标志

土地类型	遥感解译标志
轻度沙漠化土地	以青灰色和红色为主色调,整体亮度偏暗;有纹理清晰、不同色度的青色沙丘群呈不规则片状、垄状分布;也有许多块状、流线状、星点状红色植被分布。
中度沙漠化土地	青色和淡红色为主色调,以灰白色、淡褐色为辅;整体亮度较暗,局部偏亮;以红色、白色相间的斑状、条状植被和青色、褐色相间的浑圆状、块状、长条状沙丘为主。
重度沙漠化土地	以青灰色、红褐色为基底色,亮度偏暗;有较多边界不清晰的片状沙地,并伴有淡红色或暗红色的斑点状、流线状图案;有时也会出现边界清晰的白色、淡蓝色表层盐碱聚集的沙地。
极重度沙漠化土地	以青灰色、黄白色为基底色,极少有红色图斑出现,图像整体色调明亮;有大面积的青色不规则片状图案,纹理较清晰;也会有界限模糊、色调均匀的浅黄色块状或条带状图案。
草地	多为浅红色、暗红色,色度不均匀;形状不规则,质地粗糙;多呈斑块状、片状分布。
盐碱地	颜色为白色、灰白色,边界清晰,纹理光滑;呈不规则斑块状。
林地	颜色多为鲜红色,纹理较均匀,边界清晰;在同一色调中差异不大,亮度偏低;无固定形状,一般位于道路两侧。

土地类型	遥感解译标志
耕地	淡红色为主色调,边界清晰;几何形状规则的网格状。
水体	以深蓝色、蓝黑色为主,边界清晰,纹理较均匀;河流呈不同宽度的弯曲带状;湖泊呈不规则块状。
道路	以白色、黑色、蓝色为主,边界清晰,纹理光滑;呈宽度一致的直条状或弯曲带状。
沼泽	以暗红色为主,颜色亮度低。纹理较均匀,边界清晰;多分布于湖泊河流周围。

28个点位的验证分析如下:

（1）类别：极重度沙漠化土地

  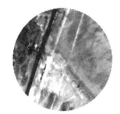

Landsat 合成图　　　　　Landsat 自动分类结果　　　　　GF2 合成图

如GF2影像所示，该点的植被覆盖度极低，极少有鲜红色图案出现，图像整体色调明亮。以西北—东南向为界限，右边多为青灰色与淡红色相间的色调，沙地表现为大面积的不规则斑块状，纹理较清晰，可见少量片状、条状的稀疏植被；图像左下方底色呈淡黄色，有小部分界限分明、色调均匀、颜色为灰白色的块状盐碱化沙地，也有些许分布于道路和建筑区周围的暗绿色调和不均匀浅绿色、浅黄色相间的块状和条带状沙地。符合极重度沙漠化土地的特点，而Landsat的分类结果与GF2目视判读的结果一致。

（2）类别：重度、极重度沙漠化土地

Landsat 合成图　　　　　Landsat 自动分类结果　　　　　GF2 合成图

GF2图像以青灰色和浅红褐色为基底色，其中有少量淡红色流线状条纹分布，在图像下方有零星暗红色斑点聚集。图像中分布着大片边界不清晰的块状沙地，植被呈长条直线状和斑块状，主要分布于黑色道路左上方，另一侧几乎无植被覆盖，绝大部分像元颜色发青。Landsat的分类结果是大部分为重度沙漠化土地，右下方个别位置属极重度沙漠化土地，符合GF2目视判读结果。

（3）类别：中度、重度沙漠化土地

| Landsat 合成图 | Landsat 自动分类结果 | GF2 合成图 |

GF2图像的亮度由下至上呈递增趋势，以淡红色和青色为主基调色。右上方以红白色相间的斑状、条状植被和淡青色、纹理较清晰的沙丘为主，沙丘大多为浑圆状、长条状。在黑色道路左侧的像元偏暗，呈现为暗青色，此处鲜有红色斑点出现，因此沙漠化程度相较于其他区域更为严重。由此证明基于Landsat的监测结果具有可靠性。

（4）类别：中度沙漠化土地

| Landsat 合成图 | Landsat 自动分类结果 | GF2 合成图 |

以GF2影像中间西北—东南向的白色道路为界，左侧以青色为主色调，右侧以红、白色为主。左侧沙丘面积大，形状浑圆，植被分布较少；右侧则有稀疏的斑点状、条絮状植被分布，从红色到淡红色的图斑呈不规则分布，还有部分分界线不明显的白色连片沙丘。虽然右侧的植被相对左侧较多，但也具有部分淡青色、暗黄色的沙质土地。整体上，植被在此点分布的面积比例符合中度沙漠化土地的定义范围，即Landsat的分类结果准确。

（5）类别：重度沙漠化土地、草地和其他类

Landsat 合成图　　　　　　Landsat 自动分类结果　　　　　　GF2 合成图

　　GF2影像上、下两侧色调较亮，中间偏暗。一条横跨东西、形状曲折的河流分布在影像正中位置，河流两侧伴有大面积浅红颜色的块状草地，尤其在影像左侧的分布更多。在河流下方分布着大量以暗红色调为主的沼泽地，形状自然弯曲，多呈条带状。图像上、下方的边界清晰的白色、淡蓝色像元多为表层盐碱聚集的土地。Landsat分类结果与以上描述相符。

（6）类别：中度、重度沙漠化土地

Landsat 合成图　　　　　　Landsat 自动分类结果　　　　　　GF2 合成图

　　GF2图像右上方的色调较明亮，其余部分偏暗，整体以淡青色、红褐色为主。影像上方多为青色流线状纹理的沙地，同时伴有少量灰白色的块状、细条状盐碱地，在靠近道路的地方有极少数植被分布；下方不仅有许多不连续的斑块状、片状沙丘，也有面积较大、边界不清晰的沙丘组合的形态，还有不规则块状、线状的植被分布。以上可以证明Landsat的分类结果与地物真实情况相同。

（7）类别：中度沙漠化土地

Landsat 合成图　　　　　　Landsat 自动分类结果　　　　　　GF2 合成图

GF2影像除中间白色区域外，其他部分色调较暗。主基调为暗灰色，色调均匀，沙地面积大、多呈块状分布；有少量淡红色斑点状、条絮状的低密度植被覆盖；还有边界清晰、几何形状明显、亮度较高的盐碱化成片沙丘。Landsat对该区域的监测结果为中度沙漠化土地，基本符合GF2目视判读结果。

（8）类别：中度沙漠化土地和其他类

Landsat 合成图

Landsat 自动分类结果

GF2 合成图

GF2图像在右上方色调较亮，主要为青色和白色。有较大面积且不规则的片状沙地，也有些许盐渍化荒漠土地；左下方道路周围遍布边界清晰、纹理相对均匀、呈不连续块状的鲜红色林地，这不属于沙漠化类型的土地。因此，Landsat对土地的分类结果是正确的。

（9）类别：轻度沙漠化土地

Landsat 合成图

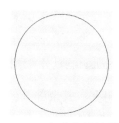

Landsat 自动分类结果

GF2 合成图

GF2图以红色和青灰色为主色调，整体亮度较低。图中不仅具有许多平行分布的流线状纹理，还有许多小面积不规则的块状图形和星点状图案，而这些均为不同密度的植被。植被和沙地间无明显的边界，且植被所占整个区域的面积比例较大，沙丘也多以小型沙丘为主。结合目视判读，可以判定植被覆盖度明显大于60%，因此属于轻度沙漠化土地。

（10）类别：轻度沙漠化土地和其他类

Landsat 合成图　　　　　Landsat 自动分类结果　　　　　GF2 合成图

GF2图中除了有形状规则的条状道路，在右上角还有暗绿色块状耕地和边界清晰、白蓝色相间的盐碱地，此二类地物属于其他类。同时，在影像的其余部分多为青灰色、白色的不规则块状沙地，在影像左侧有一个块状暗红色区域，即有植被覆盖的区域。所以，Landsat的监测结果整体符合GF2影像的地物类型分布。

（11）类别：轻度沙漠化土地和草地

Landsat 合成图　　　　　Landsat 自动分类结果　　　　　GF2 合成图

该区域以红色和白色为主色调。边界明显、形状规则的白色和蓝色条状地物为道路。位于道路右侧分布着诸多暗红色像元，没有明显纹理且边界清晰，可判定为草地。另外，还有很多白色和淡青色的长条状图形相互交错，这些图案均表示沙漠化土地，可以看出两者之间有较为细密的纹理。对比Landsat分类图可知，分类效果较好。

（12）类别：中度沙漠化土地

Landsat 合成图　　　　　Landsat 自动分类结果　　　　　GF2 合成图

GF2影像中有一条南北走向的道路，主色为淡青色和暗褐色，沙地面积大，呈片状、块状分布，纹理较光滑；有少量暗红色、褐色的星点状、条絮状的植被覆盖；左侧有亮度较高、边界清晰的沙丘，还伴有少量蓝色的盐渍化荒漠沙地类型。整景影像的植被覆盖度较低，证实了Landsat对该区域的识别结果是准确的。

（13）类别：轻度、中度沙漠化土地和其他类

Landsat 合成图   Landsat 自动分类结果   GF2 合成图

从GF2影像可知，图像的主基调为红色和蓝色。中间倾斜的三条平行蓝色条状物为道路，并有上、下两个支路延伸出去；道路两侧分布着大小不一、排列规则的斑块状植被区；上方还有部分形状规则、呈网格状的耕地和成片大面积分布的林地，以上这几类均为其他类。在图像左下方平行分布着诸多直线条状的沙丘，并夹杂着少许植被。上述内容说明Landsat的分类结果与地物真实情况相同。

（14）类别：轻度沙漠化土地

Landsat 合成图   Landsat 自动分类结果   GF2 合成图

GF2图以暗红色和青灰色为主色调，影像对比度较低。左边多为淡青色、灰色的边界模糊的成片沙地，局部有颜色发白的块状图案，而且伴有少量红色点块状植被；右边植被分布较广，植被和沙地间无明显的边界，呈现出大片的红色调，但也有一部分纹理光滑、白色中夹杂着点点蓝色斑块的盐碱化沙地。Landsat对该区域的识别结果为轻度沙漠化土地，基本符合GF2目视判读结果。

（15）类别：草地和其他类

Landsat 合成图　　　　　Landsat 自动分类结果　　　　　GF2 合成图

该区域的 GF2 影像颜色对比度较大，其主色调为红色。图像中具有许多纹理粗糙的暗红色像元，其颜色分布不均匀，且界限模糊，呈大面积片状分布于蓝色道路周边，此类像元多为高密度草地；而右下方的像元色调相对更亮，边界较清晰，呈条块状分布于白色道路周围，这类像元为林地。所以，可以判断Landsat 具有较好的分类效果。

（16）类别：轻度沙漠化土地

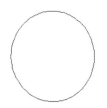

Landsat 合成图　　　　　Landsat 自动分类结果　　　　　GF2 合成图

GF2 影像以青灰色为主色调，有一条蓝色条状的道路贯穿。路的右上方既有暗红色不规则块状、条状植被分布，又有许多青灰色、白色相间的界限清晰的沙丘；道路左下方有部分白色长条状的盐碱化沙丘分布，也有不同色度的青色沙丘群，还有覆盖度较低的植被。整体来看，图像上方的植被覆盖度大于下方，而 Landsat 的监测结果与目视判读结果基本一致。

（17）类别：轻度沙漠化土地

Landsat 合成图　　　　　Landsat 自动分类结果　　　　　GF2 合成图

　　GF2影像上方色调较明亮，下方较暗。图中具有许多离散分布的鲜红色块状、斑点状植被和淡红色片状低密度植被，暗青色条状、片状的沙地，边界明显的白色、蓝色条状道路。图中的各类型植被较多，沙地与植被之间的界限比较清晰。Landsat对该区域的监测结果为轻度沙漠化土地，这一结果符合GF2目视判读结果。

　　（18）类别：轻度沙漠化土地和草地

Landsat 合成图　　　　　　Landsat 自动分类结果　　　　　　GF2 合成图

　　GF2图像主要以红色和淡青色为主色调，有两条直线形和直角形的白色道路。右侧有大片界限明确、色度不均匀、纹理简单的草地；下方则多是纹理细密、呈青色的垄状、长条状沙丘带，伴有些许红色斑块状植被；图像左侧和下方边界处有小块的浅红色稀疏草地。观察Landsat分类图，发现其分类结果与GF图像基本一致。

　　（19）类别：轻度、中度沙漠化土地和草地

Landsat 合成图　　　　　　Landsat 自动分类结果　　　　　　GF2 合成图

　　GF2图像以青色为主基色调，也包含亮白色和不同色度的红色。上方有界线明确、色度较均匀、纹理较光滑的长条形草地；影像的中间部分多为青色、暗青色的不规则片状、垄状沙地，它的纹理较清晰，可以清晰地看出沙丘群的高低起伏、地势变化，同时还夹杂着一些星点状和块状的暗红色像元，表示有植被覆盖；下方正中央有亮白色和淡青色混杂的片状沙地，此处的沙漠化程度较其他区域略严重。Landsat图像符合GF2影像的地物分布情况。

（20）类别：轻度沙漠化土地

Landsat 合成图   Landsat 自动分类结果   GF2 合成图

GF2图中分布着三条南—北走向的道路，其中一条稍弯曲；植被在图中分布较多，面积由左至右逐渐减小，多呈斑块状、条絮状分布，不仅纹理光滑，而且界线清晰明确；有流线形纹理的白色和大片青色片状的沙丘。Landsat将此区域分类为轻度沙漠化土地，与GF2判读结果一致。

（21）类别：轻度沙漠化土地

Landsat 合成图   Landsat 自动分类结果   GF2 合成图

GF2图以鲜红色和青灰色为主色调，影像对比度较高，且有多条纵横交错的道路。左上方多为暗青色的成片沙地，其界线模糊，有个别蓝白色的斑块状图案，同时伴有淡红色斑块状、流线状的植被；右下方植被分布较广，植被和沙地间具有明显的边界，呈现出大片纹理光滑、色度统一的亮红色植被。对比Landsat分类图可知，分类情况与GF2判读结果基本相符。

（22）类别：中度沙漠化土地

Landsat 合成图   Landsat 自动分类结果   GF2 合成图

　　GF2图像除下方白色条状地物外，整体色调偏暗。植被覆盖度较低，绝大部分为暗青色的成片沙丘相连，边界不清晰，纹理较均匀，并有稀疏的红白色斑点状、絮状条状植被。Landsat检测结果符合实际情况。

　　（23）类别：轻度、中度沙漠化土地

Landsat 合成图　　　　　　Landsat 自动分类结果　　　　　　GF2 合成图

　　GF2图像以暗青色为主基色调，也包含少量红色和白色，色调偏暗。以蓝色道路为界，左上方有形态不规则的小面积白色和淡蓝色片状沙地，此处的沙漠化程度较其他区域更严重；右下方均为青色、暗青色的不规则片状、垄状沙地，可见图案纹理清晰，沙丘间有色度偏暗阴影，局部地区出现白色盐碱度高的地物类型；影像中还分布着许多星点状和块状的红色、暗红色像元，表示有植被覆盖。Landsat的监测结果符合GF影像的地物分布情况。

　　（24）类别：中度沙漠化土地

Landsat 合成图　　　　　　Landsat 自动分类结果　　　　　　GF2 合成图

　　以GF2影像中间西南—东北向的河流河道为界，左侧以青色为主色调，右侧以灰色、淡褐色为主。左侧图案纹理较模糊，植被分布为稀疏、不规则的斑点状，也有部分界线不明显的白色连片沙丘；河流周围分布着许多鲜红色的植被，主要为纹理均匀的条状图案；右下方的植被相对左侧更少，具有灰褐色的连片沙质土地。植被在此点分布的面积比例符合中度沙漠化土地的定义范围，说明Landsat的分类结果准确。

（25）类别：轻度、中度沙漠化土地

Landsat 合成图　　　　　Landsat 自动分类结果　　　　　GF2 合成图

GF2图像以青色和红色为主基色调。既有淡青色的不规则片状沙地，也有些边界较清晰的盐渍化荒漠土地，还有暗褐色星点状沙丘；左下方和右上方分布着边界清晰、纹理均匀的不同色度红色的植被，其余区域也有不连续斑块状的植被，Landsat对土地监测的结果大致正确。

（26）类别：轻度、中度沙漠化土地

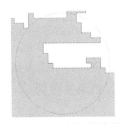

Landsat 合成图　　　　　Landsat 自动分类结果　　　　　GF2 合成图

GF2影像中有近似于"Y形"的白色道路，背景主色为暗青色和暗红色，沙地呈大面积片状、块状分布，纹理粗糙且边界模糊；左侧有亮度高、边界色差大的沙丘群，还伴有少量浅蓝色的盐渍化荒漠类型。全局都有暗红色、褐色的星点状、条絮状的植被覆盖。Landsat对该区域监测结果是基本准确的，即轻度、中度沙漠化土地。

（27）类别：中度沙漠化土地

Landsat 合成图　　　　　Landsat 自动分类结果　　　　　GF2 合成图

  GF2影像下方有一条T形白色道路，整体色调较暗，以淡青色、褐色和暗红色为主。由图可知，有大片边界模糊、无明显纹理的沙地，局部地区呈青色、黄褐色，沙丘多为浑圆状、长条状，而且具有不同的组合形态。另外，还伴有少量暗红色的星点状、条状的植被。整景影像的植被覆盖度较低，证实了Landsat对该区域的识别结果是准确的。

  （28）类别：中度沙漠化土地

Landsat 合成图   Landsat 自动分类结果   GF2 合成图

  该区域图案的分界线明显，以青色、红色和白色为主色。影像中间有一条"Y形"的白色道路。其中，稀疏的斑点状、条絮状图案为植被，颜色为红色和淡红色；青色到灰白色的大面积沙丘成片分布，植被分布较少，还有部分分界线较明显的亮白色沙丘。Landsat的分类结果大致符合GF影像的土地类型分布。

  注：下图是Landsat自动分类结果的图例。

图 例

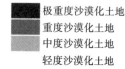

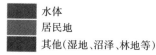

  极重度沙漠化土地

  重度沙漠化土地 草地 水体

  中度沙漠化土地 盐碱地 居民地

  轻度沙漠化土地 农田 其他(湿地、沼泽、林地等)

参考文献

  [1]王新源,杨小鹏,陈翔舜,等.荒漠化监测指标体系的构建——以甘肃省为例[J].生态经济,2016,32(7):174-177.

  [2]Oh K, Jeong Y, Lee D, et al. Determining development density using the Urban Carrying Capacity Assessment System[J]. Landscape & Urban Planning, 2004, 73(1):1-15.

  [3]银山.内蒙古浑善达克沙地荒漠化动态研究[D].呼和浩特:内蒙古农业大学,2010.

[4]Sa L,Zy H,Xl C, et al. Grassland desertification by grazing and the resulting micrometeorological changes in Inner Mongolia[J]. Agricultural and Forest Meteorology, 2000,102(2):125-137.

[5]曾永年,向南平,冯兆东,等. Albedo-NDVI特征空间及沙漠化遥感监测指数研究[J].地理科学, 2006,26(1):77-83.

[6]Liu Q, Zhao Y, Zhang X, et al. Spatiotemporal Patterns of Desertification Dynamics and Desertification Effects on Ecosystem Services in the Mu Us Desert in China[J]. Sustainability, 2018,10(3):589.

[7]李燕,周游游,胡宝清,等.基于3S技术的南北方典型区荒漠化演变特征对比研究[J].广西师范学院学报(自然科学版), 2017,34(1):82-90.

[8]官雨薇.基于遥感影像的全球荒漠化指数构建及趋势分析[D].成都:电子科技大学, 2015.

[9]Rl L. Rule-based classification systems using classification and regression tree(CART)analysis[J]. Photogrammetric Engineering and Remote Sensing, 2001, 67(10):1137-1142.

[10]王志波,高志海,王瑜,等.基于面向对象方法的沙化土地遥感信息提取技术研究[J].遥感技术与应用, 2012,27(5):770-777.

[11]曹宝,秦其明,马海建,等.面向对象方法在SPOT5遥感图像分类中的应用——以北京市海淀区为例[J].地理与地理信息科学, 2006,22(2):46-49.

[12]马浩然.基于多层次分割的遥感影像面向对象森林分类[D].北京:北京林业大学, 2014.

[13]陈云浩,冯通,史培军,等.基于面向对象和规则的遥感影像分类研究[J].武汉大学学报(信息科学版), 2006,31(4):316-320.

[14]Myint S W, Gober P, Brazel A, et al. Per-pixel vs. object-based classification of urban land cover extraction using high spatial resolution imagery[J]. Remote Sensing of Environment, 2011,115(5):1145-1161.

[15]章毓晋.图像分割[M].北京:科学出版社,2000.

[16]Benz U C,Hofmann P,Willhauck G, et al. Multi-resolution,object-oriented fuzzy analysis of remote sensing data for GIS-ready information[J]. Isprs Journal of Photogrammetry & Remote Sensing, 2011,58(3):239-258.

[17]钱巧静,谢瑞,张磊,等.面向对象的土地覆盖信息提取方法研究[J].遥感技术与应用, 2005,20(3):338-342.

［18］Liang S. Narrowband to broadband conversions of land surface albedo Ⅰ：Algorithms［J］. Remote Sensing of Environment，2001，76(2):213-238.

［19］Liang S，Shuey C J，Russ A，et al. Narrowband to broadband conversions of land surface albedo：Ⅱ. Validation［J］. Remote Sensing of Environment，2003，84(1):25-41.

第五章　基于遥感估算模型的
浑善达克沙地沙漠化监测

　　早在 1959 年，由中科院组建的治沙队开始了我国沙漠化的监测与研究，其中对北方包括浑善达克沙地在内的草原及沙漠化草原地带的沙漠化研究，提出了调整土地利用结构与方向、适应自然资源环境的治理方案。随着沙漠化研究的深入，1984 年，朱震达根据沙漠化的判别标志[1]，以沙漠化土地扩大速率、流沙面积及沙漠化土地景观确定了沙漠化程度指征。

　　浑善达克沙地是内蒙古四大沙地之一，地处跨越内蒙古自治区锡林郭勒盟和赤峰市克什克腾旗，地理位置约为北纬 41°55′—43°50′，东经 111°40′—117°35′。20 世纪 60 年代以后，浑善达克沙地沙漠化开始加剧，20 世纪 60 年代初，沙漠化土地面积为 $1.92 \times 10^4 \, km^2$，20 世纪 70 年代中期，沙漠化土地面积达 $2.60 \times 10^4 \, km^2$，20 年代 80 年代，沙漠化速度加快、沙漠化程度加剧，到 2000 年，浑善达克沙地沙漠化土地面积已达 $3.68 \times 10^4 \, km^2$。2000—2007 年间，浑善达克沙地沙漠化程度出现减弱，沙漠化面积减少至 $3.58 \times 10^4 \, km^2$[2]。

　　随着遥感技术的发展与应用，遥感监测方法越来越广泛地应用于沙漠化研究。遥感的优势在于能够大面积同步观测，无论是时间维度还是空间维度，多源遥感数据提供了全方位、多尺度的观测基础，大大提高了研究区的监测时效性与准确性。

1　遥感影像数据的应用

　　遥感是一种不与探测目标相接触，应用探测仪器，从远处把目标的电磁波特性记录下来，通过分析，揭示出物体的特征性质及其变化的综合性探测技术。不同高度的遥感平台如地面遥感、航空遥感及航天遥感的构建，提供了多时像、多波段的影像数据，为沙漠化监测研究提供了新的技术方法。遥感系统是一个从地面到空中直至空间，从信息收集、存储、传输处理到分析判读、应用完整的技术系统，主要内容包括目标物的电磁波特征、信息的获取、信息的传输与记录、信息的处理与信息的应用。特点是大面积的同步观测、时效性、数据的综合性和可比性及经济性，因而可以广泛应用于多个领域。

光学遥感观测数据：NOAA近极地太阳同步气象卫星AVHRR数据，Landsat卫星系列影像数据，法国资源卫星系列SPOT等陆地卫星数据，Quickbrid卫星数据，IKONOS卫星数据，我国的高分系列卫星等高分辨率卫星数据，地球观测系统EOS MODIS等高光谱影像数据。微波遥感观测不受天气状况的影响，主要用于大面积植被监测。微波遥感观测数据：TerraSAR-X卫星SAR影像数据，日本ALOS及欧洲ASAR卫星影像数据等。多源遥感数据如MODIS陆地数据产品，其内容包括植被指数MOD13（NDVI、EVI）、植被叶面积指数MOD15（LAI）等、植被生产力MOD17（NPP、GPP）、植被覆盖度MOD44，为遥感应用提供了更有效、更便捷的数据。国内来自中科院、教育部、气象局等12家单位参与与验证的我国首个面向全球发布的全球陆表特征参量产品GLASS，监测内容包括LAI、FPAR、反照率、发射率、地表温度、植被覆盖度、GPP等，提供了高质量、高精度数据，可以应用生态环境监测等。

多源遥感数据有力地保障了现代农业发展、防灾减灾、资源调查、环境保护和国家安全，大力支持国土调查与利用、地理测绘、海洋和气候气象监测、水利和林业资源监测、城市和交通精细化管理、卫生疫情监测、地球系统科学研究等，积极支持区域示范应用，加快推动空间信息产业发展。借助多源遥感技术手段，根据沙漠化的评价指标从植被和地表状况考虑，构建沙漠化指标体系，通过植被覆盖度、植被指数、陆地表面温度、土壤湿度等陆地参数，反映研究区的沙漠化程度，对解决研究区的资源环境问题具有重要作用。

2　沙漠化程度等级划分

遥感影像数据提供了大量多时间、多地面尺度的监测数据，从定性的动态变换监测分析，结合实测数据逐步发展到评价沙地相关指标参数的定量反演，精确到植被生物量、叶绿素及叶绿素荧光参数、叶面积指数等植被参数的反演，用于指示植被生长状态、环境因素如土壤表层温度、土壤湿度等，进而反映研究区的沙漠化程度。早在1984年，朱震达根据沙漠化的判别标志，以沙漠化土地扩大速率、流沙面积及沙漠化土地景观确定了沙漠化程度指征（表5-1）。1998年，国家林业局发布了全国沙漠化监测主要技术规定，提出了沙漠化程度的具体评价指标（表5-2、表5-3）。高尚武等利用遥感技术，基于全国沙漠化监测主要技术，提出结合遥感卫星影像，确定出由植被盖度、裸沙地占地百分比和土壤质地等3个指标构成的沙漠化监测评价体系。2004年，丁国栋等根据沙漠化评价指示因子的选择和程度划分，以及沙漠化评价中植被因子的作用探讨了沙漠化评价指标[3]。2005年，王一谋等结合寒区旱区科学数据中心提供的1∶10万比例尺我国的沙漠、沙地和砾质戈壁数据集[16]，以2000年的TM影像为信息源，利用全国土地利用现状图的Coverage和2000年的TM数字影像信息，对沙地类型做了划分（表5-4）。

表5-1　沙漠化程度指征

沙漠化程度	沙漠化土地每年扩大面积占该地面积的百分比/%	流沙面积占该地面积百分比/%	形态组合特征
潜在的	≤0.25	≤5	大部分土地尚未出现沙漠化，仅有偶见的流沙点
正在发展的	0.26～1.0	6～25	片状流沙,吹扬灌丛沙堆与风蚀相结合
强烈发展的	1.1～2.0	26～50	流沙大面积分布,灌丛沙堆密集,吹扬强烈
严重的	≥2.1	≥50	密集的流动沙丘

表 5-2　沙漠化程度的辅助指征

沙漠化程度	植被覆盖度/%	土地滋生潜力/%	农田系统的能量投产比/%	生物生产量/t·hm^{-2}·a^{-1}
潜在的	≥60	≥80	≥80	3～4.5
正在发展的	30～59	50～79	60～79	1.5～2.9
强烈发展的	10～29	20～49	30～59	1.0～1.4
严重的	0～9	0～19	0～29	0～0.9

注：引自朱震达等.关于沙漠化的概念及其发展程度的判断，1984。

表5-3 沙漠化程度指征

沙漠化程度	流沙所占面积/%	植被状况	地貌形态结合
潜在沙漠化	<10	稳定性植被成分占优势,其中盖度达40%以上	大部分土地尚未出现沙漠化,仅有斑点状流沙
轻度沙漠化	10~30	稳定性植被成分退居次要地位,其盖度为20%~40%	地表局部受风蚀破坏,出现风蚀坑和吹扬灌丛沙丘及小片流沙
中度沙漠化	30~50	稳定性多年生植被盖度低于20%	地表风蚀破坏比较严重,出现较大风蚀坑,吹扬灌丛沙堆密集,流沙大片分布
强度沙漠化	>50	植被稀疏低矮,一年生植物	密集的流动沙丘大面积分布

注:引自吴正. 风沙地貌学,1987。

表5-4 沙地类型

沙地类型	沙粒(1~0.05 mm)含量/%	有机质含量/%	粗糙度	植被覆盖度/%
流动沙地	98~99	0.065	1.1×10^{-3}	<5
半流动沙地	93~98	0.267	2.85×10^{-1}	5~20
半固定沙地	91~93	0.359	1.6	21~50
固定沙地	79~89	0.975	2.33	>50

浑善达克沙地定量遥感监测主要为植被的参数反演,主要指标包括叶面积指数、光合有效辐射、植被生物量及植被生产力等。定量遥感反演方法主要有遥感统计方法、物理模型方法、半经验方法。遥感统计方法简单易用,建立遥感指数与地表参数间不同的线性关系、非线性关系模型。物理模型方法通过遥感机理来建立各种数学物理模型,但计算过程较复杂。半经验方法利用遥感物理模型推导简单的参数遥感模型,并结合实测数据进行修正。

3 基于MODIS数据的浑善达克沙地植被覆盖度遥感监测方法

植被覆盖度是指植被(包括叶、茎、枝)在地面的垂直投影面积占统计区域总面积的百分比，是反映地表植被在地表覆盖情况的重要参数，用于了解沙地沙漠化程度，是评价沙漠化的有效指标[4]。植被覆盖度也是重要的生态气候参数，是描述生态系统的重要基础数据[5]，因而在资源环境管理与保护、土地利用、干旱风险监测等研究领域被广泛应用。

植被覆盖度的研究可以通过地面实测和遥感估算获得，所用模型大致可分为植被指数模型、光谱模型、像元二分法及物理模型[6]，遥感估算植被指数法是通过植被指数建立经验模型关系求得，如归一化植被指数NDVI被广泛应用于不同尺度研究区域的植被覆盖情况[7-9]；利用高光谱遥感、光谱混合模型等光谱模型估算植被覆盖度，建立植被光谱与植被覆盖度拟合模型[10-13]；基于像元二分模型方法[14, 15]，或通过考虑植被复杂的冠层辐射传输模型，建立物理模型。

浑善达克沙地植被覆盖度的研究可以直观地反映沙地的植被覆盖情况、草原生态系统状况。本研究主要通过植被指数建立遥感模型而实现植被覆盖度的遥感监测，分析整体植被覆盖度的年际年化，不同旗县、不同植被类型、不同沙地类型植被覆盖度的变化，反映浑善达克沙地的植被生长状况。

3.1　监测方法

单位面积归一化植被指数NDVI，采用MODIS Terra传感器NDVI数据产品MOD13Q1。MOD13Q1是16天合成数据（空间分辨率为250 m），包括归一化植被指数NDVI和增强型植被指数EVI数据，本文使用NDVI数据。

表5–5　MOD13Q1数据产品参数

DS Name	Units	Data Type	Fill Value	Valid Range	Scale Factor
250 m 16 days NDVI	NDVI	16-bit signed integer	−3000	−2000 to 10000	0.0001
250 m 16 days EVI	EVI	16-bit signed integer	−3000	−2000 to 10000	0.0001

像元二分模型的原理为假设像元信息可分为土壤与植被两部分。通过遥感传感器所观测到的信息 S，就可以表达为由绿色植被成分所贡献的信息 S_v 与由土壤成分所贡献的信息 S_s 这两部分组成。将 S 线性分解为 S_s、S_v 两部分：

$$S = S_v + S_s \qquad (1)$$

对于一个由土壤与植被两部分组成的混合像元，像元中有植被覆盖的面积比例即为该像元的植被覆盖度 f_c，而土壤覆盖的面积比例为 $1-f_c$。设全由植被所覆盖的纯像元所得的遥感信息为 S_{veg}。混合像元的植被成分所贡献的信息 S_v 可以表示为 S_{veg} 与 f_c 的乘积：

$$S_v = f_c \times S_{veg} \tag{2}$$

同理，设全部由土壤所覆盖的纯像元所得的遥感信息为 S_{soil}。混合像元的土壤成分所贡献的信息 S_s 可以表示为 S_{soil} 与 $1-f_c$ 的乘积：

$$S_s = (1-f_c) \times S_{soil} \tag{3}$$

将公式（2）、公式（3）代入公式（1）可得：

$$S = f_c \cdot S_{veg} + (1-f_c) \, S_{soil} \tag{4}$$

对公式（4）进行变换，可得以下计算植被覆盖度的公式：

$$f_c = (S - S_{soil})/(S_{veg} - S_{soil}) \tag{5}$$

夏季植被生长最为旺盛，选取浑善达克沙地研究区每年 5—9 月的植被指数 NDVI，采用 MOD13Q1 的 NDVI 数据，确定一年中 5—9 月 NDVI 值最大月份，求该月 NDVI 平均值数据。单位面积归一化植被指数 NDVI，采用 MODIS Terra 传感器 NDVI 数据产品 MOD13Q1。根据公式将 NDVI 最大值月平均数据归一化处理后，计算当年的植被覆盖度：

$$VFC = (NDVI - NDVI_{min})/(NDVI_{max} - NDVI_{min}) \tag{6}$$

公式中 $NDVI_{max}$ 和 $NDVI_{min}$ 分别为研究区纯植被像元和无植被覆盖的 NDVI 值，根据计算结果显示 NDVI 数值最大月份基本在夏季的 8 月。

3.2　植被覆盖监测分析

（1）植被覆盖度时空变化分析

浑善达克沙地 2018—2006 年 8 月植被覆盖度分布见图 5-1，总体分布特征为东高西低；年际变化特征基本为逐年增长趋势，2018 年植被覆盖度最好，尤其在东北部、东部；其次为 2012 年，植被覆盖度最差年份为 2009 年。

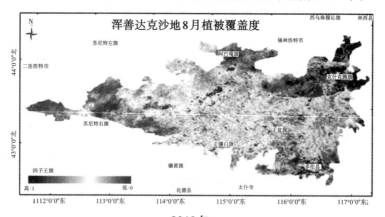

2018 年

图 5-1　浑善达克沙地 2018—2006 年 8 月植被覆盖度分布

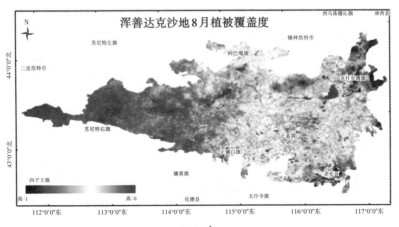

2015 年

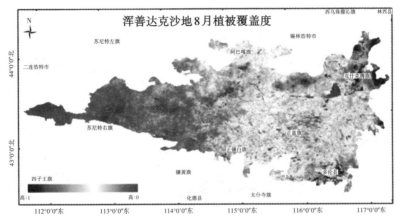

2012 年

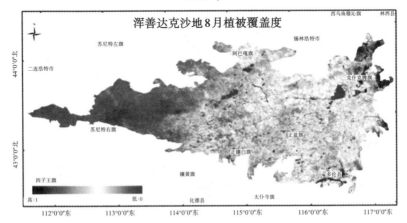

2009 年

续图 5-1　浑善达克沙地 2018—2006 年 8 月植被覆盖度分布

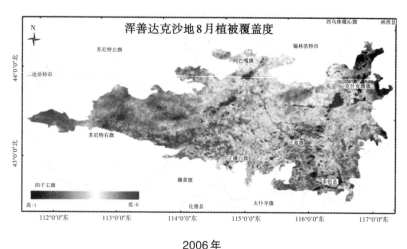

2006年

续图5-1　浑善达克沙地2018—2006年8月植被覆盖度分布

（2）各个旗县植被覆盖度变化分析

由各个旗县植被覆盖度变化情况（表5-6）来看，多伦县多年的平均植被覆盖度较其他旗县高，4个年份8月的植被覆盖度均达到最大，其次为东北部的锡林浩特市、克什克腾旗，而苏尼特右旗平均植被覆盖度最低；近几年浑善达克沙地各个旗县的平均植被覆盖度都在增加，锡林浩特市的植被覆盖度增幅最大（0.23），其次为正蓝旗、阿巴嘎旗，正镶白旗的植被覆盖度增幅最小。从2006年到2018年植被覆盖度增长率最高的几个旗县是阿巴嘎旗、苏尼特左旗、锡林浩特市，分别为31.06%、30.68%、30.35%，唯一增长率有下降的是正蓝旗（约为-1.86%），其他旗县的增长率较低，均低于10%。

每年8月为浑善达克沙地植被最好月份，分别统计2018年、2015年、2012年、2009年及2006年8月各个旗县植被覆盖度变化范围得出：植被覆盖度整体呈波动上升状态，2018年平均植被覆盖度最高（0.66），2009—2012年变化幅度最小、最小值是历年最低（0.16），植被覆盖度最差，2012—2015年的变化范围波动较大（0.17~0.62）。

表5-6　浑善达克沙地各个旗县最大平均植被覆盖度

序号	旗县名	2018	2015	2012	2009	2006	范围	增长率
0	阿巴嘎旗	0.52	0.38	0.49	0.33	0.40	0.16	31.06%
1	苏尼特左旗	0.37	0.24	0.34	0.25	0.28	0.10	30.68%

续表5-6

序号	旗县名	2018	2015	2012	2009	2006	范围	增长率
2	锡林浩特市	0.63	0.53	0.63	0.41	0.48	0.23	30.35%
3	克什克腾旗	0.60	0.56	0.59	0.48	0.56	0.11	7.09%
4	苏尼特右旗	0.25	0.18	0.27	0.16	0.24	0.11	3.12%
5	正蓝旗	0.52	0.48	0.51	0.37	0.53	0.17	-1.86%
6	正镶白旗	0.43	0.35	0.38	0.31	0.39	0.08	9.01%
7	多伦县	0.66	0.62	0.61	0.51	0.62	0.12	6.22%

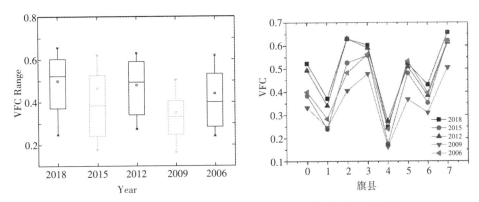

图5-2 浑善达克沙地2006—2018年8月植被覆盖度变化范围、近13年浑善达克沙地最大平均植被覆盖度对比

（3）各个植被类型植被覆盖度变化分析

从各个植被类型的平均植被覆盖度（图5-3、表5-7）得出，植被覆盖度基本都在增长，整体趋势线斜率基本为0~0.82%，且增长显著性P值分布在0.01~0.5，表现为没有显著增加，其中水域的P值为0.034，中温草原中的丛生禾草和根茎禾草典型草、荒漠中的沙质荒漠和人工植被P值分别为0.293、0.414、0.323，比其他的植被类型增长较明显；只有荒漠中的草原化荒漠类型增长率为负-0.06%且并不显著，植被覆盖度稍有减少（见图5-4）。

各个植被类型中植被覆盖度分析：落叶阔叶林植被覆盖度较高基本为0.7左右，但增长斜率只有0.27%。其次为中温草原的林缘杂类草草甸类型，禾草，杂类草草甸。植被覆盖度较差的为中温草原的矮禾草，矮半灌木荒漠草原类型以及荒漠中的草原化荒漠和沙质荒漠类型。

表5-7　2006—2018年各个植被类型植被覆盖度平均值

植被功能区划	植被类型	代码	增长率	2018 Mean	2015 Mean	2012 Mean	2009 Mean	2006 Mean
落叶阔叶林	落叶阔叶林	1	0.27%	0.7871	0.7859	0.7925	0.7198	0.7798
疏林	疏林	2	0.36%	0.6653	0.6008	0.6210	0.5765	0.6242
灌丛	灌丛	3	0.43%	0.5722	0.5460	0.5472	0.4624	0.5495
暖温草原	禾草,半灌木草原	41	0.45%	0.5571	0.5088	0.5079	0.4192	0.5352
中温草原	林缘杂类草草甸,禾草,杂类草草甸	42	0.56%	0.7199	0.6754	0.7259	0.5809	0.6836
中温草原	丛生禾草,根茎禾草典型草原	43	1.1%	0.5611	0.4176	0.5292	0.3472	0.4335
中温草原	矮禾草,矮半灌木荒漠草原	44	0.33%	0.2918	0.1927	0.2942	0.1727	0.2528
荒漠	草原地带的沙地植被	51	0.35%	0.4583	0.4009	0.4425	0.3442	0.4341
荒漠	草原化荒漠	52	-0.06%	0.2059	0.1555	0.2826	0.1670	0.2086
荒漠	沙质荒漠	53	0.72%	0.3503	0.2041	0.2934	0.1703	0.2592
人工植被	人工植被	6	0.72%	0.6558	0.6119	0.6581	0.4880	0.5944
水域	水域	7	0.82%	0.1612	0.1314	0.1160	0.0990	0.1070
低湿地植被	低湿地植被	8	0.47%	0.4968	0.4149	0.4799	0.3566	0.4435

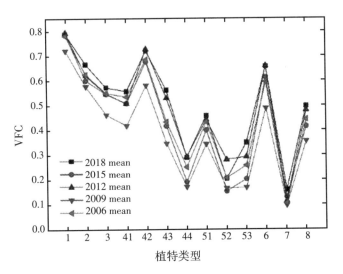

图5-3 各个植被类型不同年份8月的植被覆盖度对比

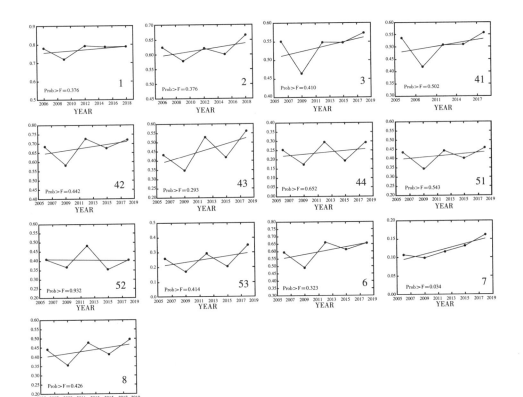

图5-4 各个植被类型植被覆盖度变化趋势

（4）基于植被覆盖度的沙漠化程度变化分析

根据浑善达克沙地的沙地类型分析，结合寒区旱区科学数据中心提供的1：10万比例尺我国的沙漠、沙地和砾质戈壁数据集[16]（数据是以2000年的TM影像为信息源），在全国土地利用现状图的Coverage和2000年TM数字影像信息基础上，进行解译、提取、修编、专题制图。沙地：指地表为沙质土壤覆盖的土地，包括沙漠，不包括水系中的沙滩，共分为四个类别：流动沙地、半流动沙地、半固体沙地及流动沙地（表5-8）。其他类型还有戈壁（地表以碎砾石为主、植被覆盖度在5%以下的土地）、盐碱地（地表盐碱聚集、植被稀少，只能生长强耐盐碱植物的土地）。

表5-8　浑善达克沙地沙地类型参数

沙地类型	沙粒(1～0.05 mm)占比/%	有机质含量/%	粗糙度	植被覆盖度/%
流动沙地	98～99	0.065	$1.1×10^{-3}$	<5
半流动沙地	93～98	0.267	$2.85×10^{-1}$	5～20
半固定沙地	91～93	0.359	1.6	21～50
固定沙地	79～89	0.975	2.33	>50

根据沙地类型的植被覆盖度5%、20%、50%划分沙漠化等级，可将浑善达克沙地分为强度沙漠化、中度沙漠化、轻度沙漠化和潜在沙漠化四类，来得出2006—2018年13年间5期浑善达克沙地沙漠化等级的变化情况。2006—2018年浑善达克沙地植被覆盖度增减分布变化如图5-6，总体浑善达克沙地沙漠化程度逐渐减弱，具体看来，不同沙漠化类型植被覆盖度增加面积为8790.7943 km²，占浑善达克沙地总面积的21.07%，并主要集中在沙地北部的阿巴嘎旗、锡林浩特市，部分分布于中部的苏尼特左旗；沙漠化等级严重区域面积为2768.1408 km²，占沙地总面积的6.64%，主要零星分布在浑善达克沙地的正蓝旗、多伦县及东部的苏尼特右旗，表现为沙地东部近几年不同沙漠化有退减现象，其中72.29%沙漠化类型没有变化，说明沙漠化改善情况仍比较缓慢。

表5-9　2006—2018年浑善达克沙地沙漠化类型的植被覆盖度变化

植被覆盖度变化	Sum_面积/km²	百分比/%
增加	8790.7943	21.07
不变	30160.7987	72.29
减少	2768.1408	6.64

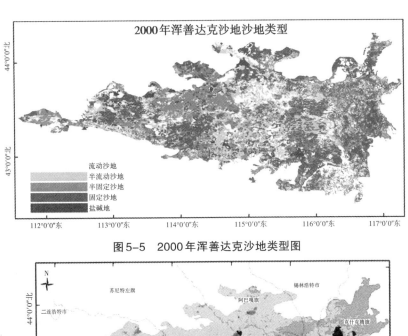

图5-5　2000年浑善达克沙地类型图

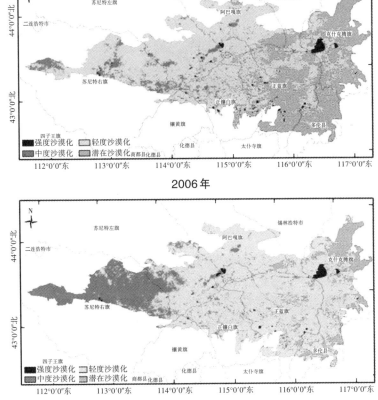

2006年

2009年

图5-6　2006—2018年浑善达克沙地沙漠化等级及变化

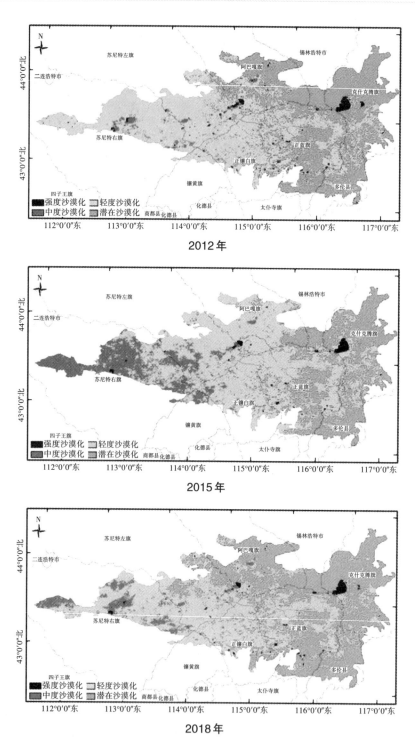

续图5-6　2006—2018年浑善达克沙地沙漠化等级及变化

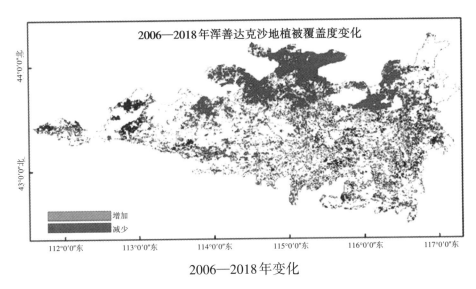

2006—2018年变化

续图5-6　2006—2018年浑善达克沙地沙漠化等级及变化

本节通过 NDVI 植被指数模拟浑善达克沙地近13年植被覆盖度，分析了整体植被覆盖度的年际变化及不同旗县、不同植被类型、不同沙地类型植被覆盖度的变化，得出以下结论：

（1）浑善达克沙地植被覆盖度的总体分布特征为东高西低；年际变化特征基本为逐年增长趋势，2018年植被覆盖度最好，最差年份为2009年。

（2）近13年浑善达克沙地各个旗县植被覆盖度：多伦县的最大平均植被覆盖度最高，苏尼特右旗的平均植被覆盖度最差；锡林浩特市的植被覆盖度增幅最大（0.23），正镶白旗的植被覆盖度增幅最小（0.08）；增长率最大的是阿巴嘎旗、苏尼特左旗、锡林浩特市（分别为31.06%、30.68%、30.35%），唯一增长率下降的是正蓝旗（约为-1.86%）。

（3）各个植被类型的平均植被覆盖度趋势线斜率基本为0～0.82%，增长显著性 P 均大于0.01小于0.5，增长并不显著。

（4）从植被覆盖度角度分析，浑善达克沙地总体沙漠化程度逐渐减弱，不同沙漠化类型植被覆盖度增加面积占总面积的21.07%，主要集中在浑善达克沙地北部的阿巴嘎旗、锡林浩特市；沙漠化程度严重植被覆盖度减小约6.64%，主要零星分布在沙地的正蓝旗，但其中72.29%沙漠化类型没有变化，说明沙地环境改善比较缓慢，不容乐观。

遥感方法估算植被覆盖度在研究范围与时间方面大大提高了研究时效，但也存在一些精度问题，首先是遥感数据的尺度问题，不同遥感数据的空间分辨率会因像元内部的异质性而造成植被覆盖度的结果差异；其次是对不同植被类型由于物候期、生长水热条件不同，其植被覆盖度存在差异，植被覆盖度的精确计算将更为复杂。

4 基于MODIS数据的浑善达克沙地叶面积指数遥感监测模型

草地是陆地表面重要的生态系统，草地面积占我国国土面积的40%以上，东起黑龙江西至新疆的北方温带草原是我国天然草地的主体。内蒙古地区主要的生态类型为草原生态系统，由于气候条件和农牧区的特点，生态脆弱性很大。叶面积指数（leaf area index，LAI）是植被长势的重要参数之一，可以反演植被的生长状况，因而对于内蒙古地区草地的LAI监测与定量反演具有重要的意义。

LAI是指单位地表面积上植被叶子面积的总和，是多种地表过程模型、植被长势等的重要参数。遥感估算主要基于两种方法：基于经验、半经验模型反演方法；基于物理模型反演方法。经验、半经验模型反演主要是利用LAI与植被指数建立函数关系；物理模型反演是基于辐射传输模型，将LAI与叶片的光学特性等一些参数与冠层反射率建立联系，代表性的辐射传输模型是SAIL模型，常采用的方法有反演优化方法、神经网络技术、查找表方法、数据同化方法[17-19]等。

反演优化方法的原理是：给定反射率观测值，确定植被冠层生物物理参数，使其估算的反射率值与观测值最为接近，常用的方法有目标函数最小化方法、非导数方法、导数方法等。

神经网络技术的原理是：通过机器学习方法可以高效准确地完成非线性函数的模拟，其结果非常接近物理模型反演精度。如欧盟的CYCLPES LAI全球LAI数据产品，使用了PROSPECT + SAIL辐射传输模型；国内的GLASS LAI数据产品采用广义回归神经网络（GRNN）学习方法进行LAI反演，并主要用于全球尺度LAI遥感监测，输入数据为处理后的红光、近红外波段的时间序列反射率数据，输出数据为对应时间序列的LAI。

查找表方法的原理是：建立输入、输出数据组成的数据索引矩阵，来代替复杂的计算过程。

数据同化方法的原理是：将地表参数的时间变化规律引入到瞬时模型，从时间序列多源遥感观测数据中反演地表参数，增加地表参数反演所需的信息量，生成时空一致的LAI数据产品。

肖志强[17]等提出的集合卡尔曼滤波方法，可以得到精度高于MODIS LAI的时间连续的LAI估计值[18, 19]。

目前LAI国外全球数据产品主要有：MODSI LAI；欧盟CYCLOPES项目的全球LAI数据产品；基于NDVI的ECOCLIMAP LAI产品等。其中MODIS LAI数据应用较为广泛（从2000年至今），但研究表明MODSI LAI数据在我国研究区存在较大偏差。国内GLASS LAI数据产品采用神经网络学习方法进行LAI反演，并主要用于全球尺度LAI遥感监测，但对于小区域研究的准确性较差，如在锡林浩特市的GLASS LAI数据存在高估现象。另外，由于实测数据和影像数据存在较大尺度差异也是影响反演LAI数据准确性的关键因素，如分辨率较高的影像数据通过模拟函数计算LAI后，再重采样升尺度，刘良云对叶面积指数的遥感尺度效应做了研究，并提出、修正了一些反演过程中的尺度转换方法。因而，本节基于以上两点问题，由于浑善达克沙地研究区具有区域特色且植被类型较单一，因而可以利用半经验模型，提出基于MODIS的NDVI植被指数数据与实测LAI建立函数关系的监测方法，提高区域LAI模拟精度，避免了数据尺度转换的误差，确定适用于浑善达克沙地LAI估算模型，实现研究区LAI遥感动态监测。

4.1　监测方法

实测数据LAI采集设备为LI-3000叶面积仪测量仪，数据采集时间为2018年7—8月，在浑善达克沙地研究区内共布设样点36个，去除个别误差较大及有问题的采样点，其样点经纬度及实测LAI值见表5-10，每个样点设置3～5个1 m×1 m样方（图5-7），由于MOD13Q1数据分辨率为250 m，具体数据参数见表5-11，再计算每个样点的3～5个实测样方求平均值，用于与MOD13Q1对应LAI像元值而建立经验模型。

表5-10　LI-3000叶面积仪测量仪LAI采样

code	GPSLAT	GPSLONG	avrageli3000	code	GPSLAT	GPSLONG	avrageli3000
1	43.1992	112.2850	0.0782	11	43.4844	114.2157	0.9057
2	43.4490	113.1348	0.0667	12	43.3407	114.4011	0.5769
7	43.0992	112.4350	0.2499	13	43.5052	115.7236	0.5626
8	42.8452	113.5118	0.1317	14	43.6905	114.8343	0.7278
9	42.8661	113.3972	0.0797	15	43.4511	115.1446	0.4182
10	43.2741	113.3847	0.0537	16	43.3407	115.5986	0.3261

续表5-10

code	GPSLAT	GPSLONG	avrageli3000	code	GPSLAT	GPSLONG	avrageli3000
17	42.9223	116.7108	0.7950	28	42.6266	115.9506	0.9795
18	43.4094	116.8274	0.4183	29	42.4497	116.0048	0.0317
19	43.5010	117.1877	0.6120	30	42.3789	115.4383	0.9478
20	43.0805	117.0982	0.7151	31	42.5871	115.7028	1.2524
21	42.3414	116.5109	0.6772	32	42.4289	115.3695	0.622
22	42.1895	116.6879	0.7567	33	42.5746	115.2487	0.8173
24	42.814	116.3172	0.8722	34	42.6766	115.1654	0.5768
25	42.7745	116.1964	1.5870	35	42.6308	115.0509	0.9869
26	42.9972	115.9756	0.6416	36	42.5059	114.9093	1.1314
27	42.7516	115.909	0.6600				

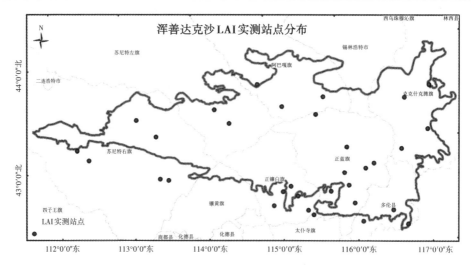

图5-7　浑善达克沙地植被生物量样方采集分布

　　LAI模型监测中植被指数数据使用的是MOD13Q1，合成数据空间分辨率为250 m，时间分辨率为16天，具体参数见表5-11，包括归一化植被指数NDVI和增强型植被指数EVI数据产品，本书使用NDVI数据产品，与LAI实测数据进行拟合，估算研究区的LAI数值。

表5-11　MOD13Q1数据产品参数

DS Name	Description	Units	Data Type	Scale Factor
250 m 16 days NDVI	16 day NDVI	NDVI	16-bit signed integer	0.0001
250 m 16 days EVI	16 day EVI	EVI	16-bit signed integer	0.0001

数据验证使用的是MOD15A2H 8天合成LAI数据产品，空间分辨率为500 m，包括Photosynthetically Active Radiation（FPAR）和Leaf Area Index（LAI）真实叶面积指数数据（表5-12），用于估算LAI数据的对比验证。

表5-12　MOD15A2H数据产品参数

SDS Layer Name	Units	Data Type	Fill Value	Valid Range	Scaling Factor
Fpar_500 m	Percent	8-bit unsigned integer	249-255	0 to 100	0.01
Lai_500 m	m^2/m^2	8-bit unsigned integer	249-255	0 to 100	0.1

LAI经验模型的建立是利用MOD13Q1植被指数NDVI数据产品，及2018年7—8月地面实测数据LAI，拟合函数关系，拟合中剔除LAI实测数据误差较大点，建立NDVI与LAI的非线性函数关系式（见表5-13）。

表5-13　LAI与NDVI拟合模型

植被指数	模型方程	R^2	RSS
	$y = a + b \times x$	0.5450	0.2318
NDVI	$y = a \times \exp(b \times x)$	0.4716	0.2693
	$y = a \times x^b$	0.6132	0.0094

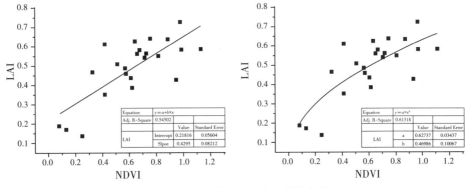

图5-8　NDVI与LAI拟合函数散点图

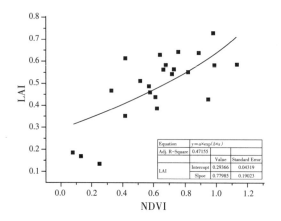

续图 5-8　NDVI 与 LAI 拟合函数散点图

$$LAI = 0.63 \times MDVI^{0.47} \tag{7}$$

根据拟合模型中 R^2 最大、RSS 最小，选取拟合模型（见公式），式中 a、b 为指数统计模型回归系数，分别为 0.63、0.47，拟合相关系数 $R^2 = 0.61$，表现为较好的相关性（见图 5-8）。将模拟 LAI 值与实测 LAI 值所在像元的均值做对比，基本分布于 1∶1 线附近，均方根误差 RMSE 为 0.205（见图 5-9）。

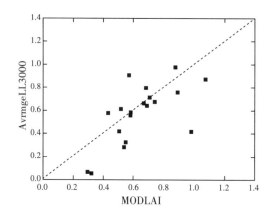

图 5-9　模拟 LAI 值与实测 LAI 值对比

比较遥感监测模型模拟 LAI 与 MODIS 数据产品 LAI（见图 5-10，取自 2018年浑善达克沙地正蓝旗、阿巴嘎旗实测样点），可以看出，遥感监测模型精度要高于 MODIS LAI 数据产品，所得数据更接近实测 LAI 值，MODIS LAI 数据产品 LAI 值明显高于实测 LAI 值。

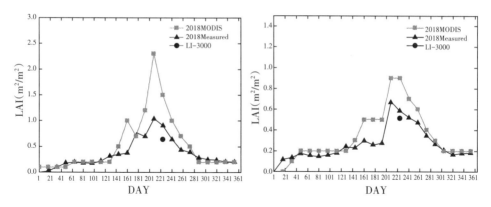

图5-10 浑善达克沙地正蓝旗、阿巴嘎旗样点2018年LAI遥感估算验证

4.2 叶面积指数监测分析

通过建立实测数据LAI值与影像数据NDVI的函数关系，估算研究区2006—2018年8月LAI（见图5-11）。模拟浑善达克沙地研究区中各个旗县全年LAI变化情况，拟合时间间隔为16天，从数据结果可以得出：研究区内LAI年变化基本呈逐年增长趋势，2018年全年LAI估算值总体比其他年份都好，最高值分布范围为0.8~1.1，其次为2015年和2012年，2009年全年LAI值相对较低；各个年份的LAI最大值均出现在8月。主要增长区域分布于东北部的阿巴嘎旗、克什克腾旗，但增长不是很显著。

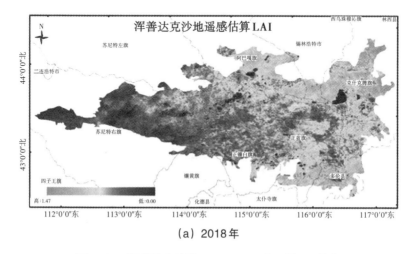

（a）2018年

图5-11 浑善达克沙地2006—2018年8月LAI分布

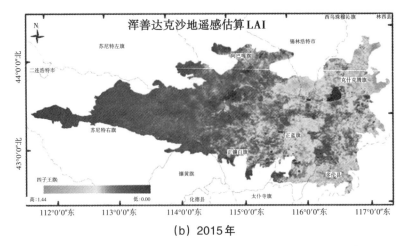

(b) 2015年

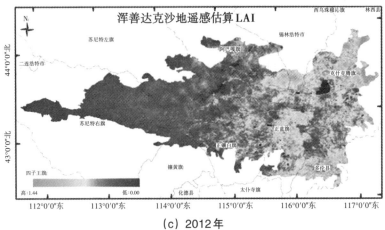

(c) 2012年

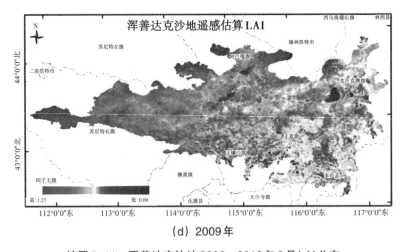

(d) 2009年

续图5-11　浑善达克沙地2006—2018年8月LAI分布

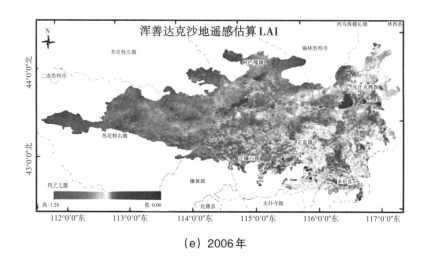

（e）2006年

续图5-11　浑善达克沙地2006—2018年8月LAI分布

对比2006年、2018年LAI变化情况（图5-12），13年期间浑善达克沙地LAI整体呈增长趋势，LAI值增长面积占浑善达克沙地总面积的81.94%，LAI增长最大值达1.14，主要分布在浑善达克沙地北部的阿巴嘎旗、锡林浩特市及克什克腾旗；LAI减小面积占总面积的18.06%，LAI减小最大为1.04，主要散布在浑善达克沙地南部的正蓝旗、西部的苏尼特右旗。

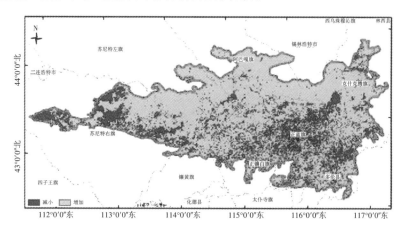

图5-12　2006—2018年间LAI变化情况

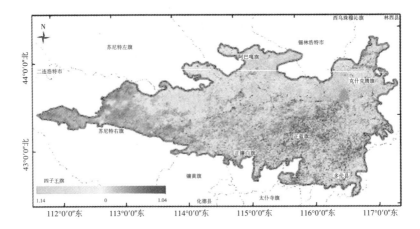

续图5-12　2006—2018年间LAI变化情况

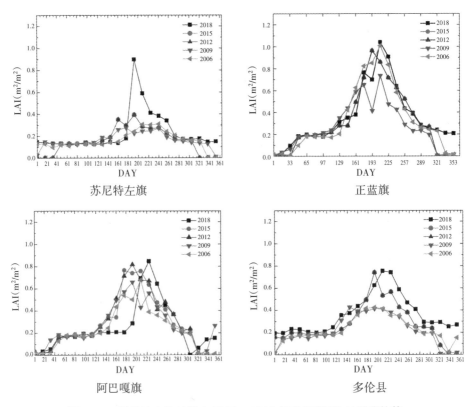

图5-13　浑善达克沙地样点2006—2018年时间序列LAI遥感估算

　　拟合模型LAI估算结果验证为将MODIS LAI数据产品、遥感估算LAI值及LI-3000实测LAI作对比见图5-13，数据结果表明本书建立的遥感估算函数模拟的LAI基本接近实测值，且数值精度高于MODIS LAI数据产品所得值；MODIS

LAI数据产品所得值明显偏高。

4.3　叶面积指数提取草地物候

　　NDVI产品在高值区易于饱和，不易于提取植被稠密区域的物候，因而可以基于叶面积指数提取物候[20, 21]，用于研究植被的动态特征。采用 Logistic 曲线曲率极值法，首先计算年内累计 LAI，用 Logistic 函数进行拟合，拟合公式见公式（8），其中 x 为对应时间序列，y 为时间序列 LAI 累加值，内插方法使用 levenberg Marquardt 拟合 Logistic 曲线，拟合精度为 $R^2 = 0.99689$，将拟合后的曲线计算曲率 K（见公式9），并将曲率数据时间精度插值到日精度，找到曲率的最大值和最小值对应的时间，表现为 LAI 累加值增长、降低变化最快速时，即分别为生长季开始日期 SOS 和生长季结束日期 EOS，生长季开始到生长季结束为生长季长度 LOS。

$$y = A^2 + \frac{A_1 - A_2}{1 + (x / x_0)^p} \tag{8}$$

$$K = \mathrm{d}a / \mathrm{d}s \tag{9}$$

　　2006—2018年的植被生长季开始日期 SOS 基本在 130～165 天，最早在 5 月 10 日、最晚在 6 月中旬植被开始生长，植被生长结束日 EOS 在 227～260 天，集中在 8 月中旬到 9 月底之间，表明这期间浑善达克沙地植被开始枯黄，生长季长度 LOS 长达 86～109 天。总体近 13 年浑善达克沙地物候 SOS、EOS、LOS 相对较稳定，但 2018 年 SOS、EOS 均有推后，且 LOS 天数有缩短见（表5-14），说明，从 2018 年开始，浑善达克沙地整体的植被生长时间、枯萎时间推后 30 天左右。

表5-14　2006—2018年基于LAI物候监测

年	SOS / day	SOS时间	EOS / day	SOS时间	LOS / day
2006年	135	5月15日	226～229	8月14—17日	91～94
2009年	130	5月10日	226～233	8月14—21日	96～103
2012年	130	5月10日	227～239	8月15—27日	97～109
2015年	131	5月11日	220～232	8月8—20日	89～101
2018年	163	5月23日	249～260	9月6—17日	86～97

　　根据国家生态系统观测研究网络（CNERN）提供的内蒙古草地植被物候检测数据，选取浑善达克沙地调查样点中几种主要草地物种物候（见表5-15），

萌芽期对应SOS基本吻合，但枯黄期与EOS误差较大，有待进一步分析研究。分析其原因可能有以下几种因素：

（1）影像数据像元大小与实地样点尺度误差，影像数据像元重采样为500米，地物样本采样为1平方米，并取主要优势植被物种，因而在空间尺度上存在误差。

（2）LAI是指单位地表面积上植被叶子面积的总和，根据提取方法的实际意义，EOS应该是植被开始枯黄的最显著时间节点，但可能并没达到完全枯黄期。

（3）相同植被物种由于地理位置不同、气温条件差异，也存在物候差异。

表5-15　内蒙古草地植被物候检测

植物种名	拉丁名	萌芽期(月/日/年)	枯黄期(月/日/年)
冷蒿	Artemisia frigida	05/10/2006	10/13/2006
糙隐子草	Cleistogenes squarrosa	05/10/2006	09/19/2006
大针茅	Stipa grandis P. A. Smirn.	05/10/2006	09/23/2006
冷蒿	Artemisia frigida	05/04/2009	10/06/2009
糙隐子草	Cleistogenes squarrosa	05/05/2009	10/02/2009
大针茅	Stipa grandis P. A. Smirn.	05/03/2009	10/07/2009
大针茅	Stipa grandis P. A. Smirn.	05/04/2012	08/28/2012
糙隐子草	Cleistogenes squarrosa	05/09/2012	08/28/2012
大针茅	Stipa grandis P. A. Smirn.	04/28/2015	09/10/2015

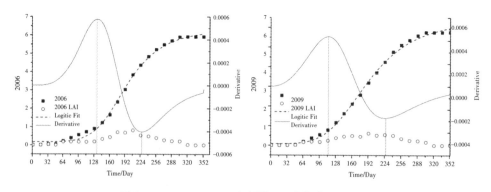

图5-14　2006—2018年累计LAI曲线曲率极值法

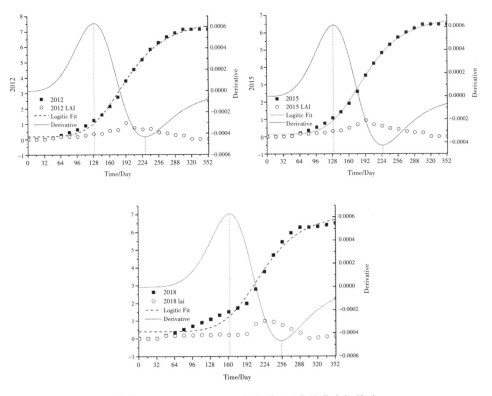

续图5-14　2006—2018年累计LAI曲线曲率极值法

4.4　基于叶面积指数的沙漠化程度分析

根据浑善达克沙地每年8月份植被叶面积指数LAI与植被覆盖度FVC具有较好的相关性（见图5-15），因而也可以根据植被的LAI来探究浑善达克沙地的沙漠化程度，应用分位数分类法，可将LAI分为5个等级：绿地LAI>0.55、潜在沙漠化 0.4<LAI ≤ 0.55、轻度沙漠化 0.31<LAI ≤ 0.4、中度沙漠化 0.23<LAI ≤ 0.31、重度沙漠化LAI ≤ 0.23，从年际变化分析得出，2018年沙漠化程度有明显改善，从2009年开始研究区的沙漠化程度开始加重，主要分布在西部及中西部区域，2012—2015年沙漠化程度基本没有恶化但也没有减轻，仅东部的正蓝旗和多伦县重度沙漠化转换为中度、轻度沙漠化（稍有改善），从沙漠化区域分布来看，沙漠化程度明显减小的区域主要在浑善达克沙地西北部的苏尼特左旗、阿巴嘎旗和西南部的正镶蓝旗，西部的苏尼特右旗也略有改善，但最西部的沙漠化程度仍为重度（图5-16）。

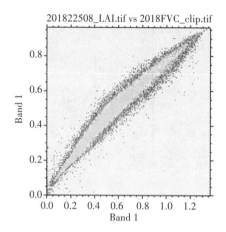

图5-15 LAI与植被覆盖度的相关性

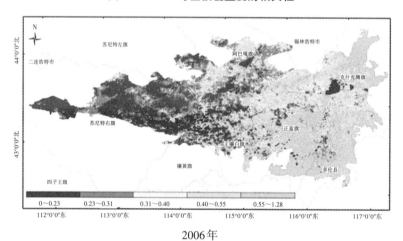

2006年

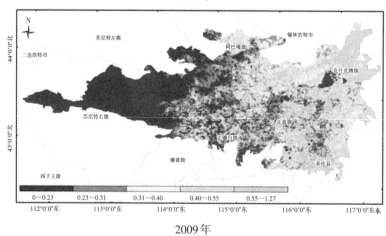

2009年

图5-16 2006—2018年浑善达克沙地沙漠化变化

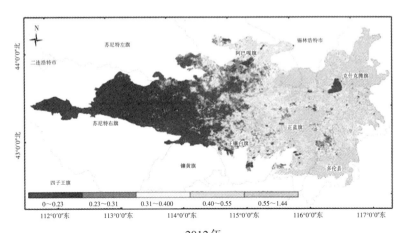

2012年

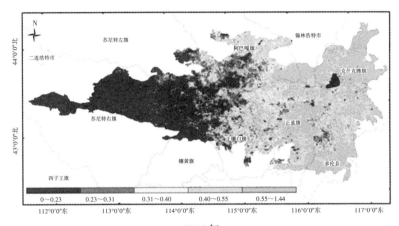

2015年

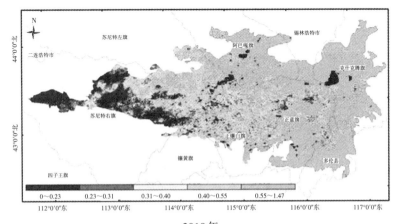

2018年

续图5-16　2006—2018年浑善达克沙地沙漠化变化

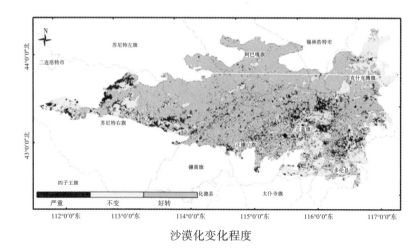

沙漠化变化程度

续图5-16   2006—2018年浑善达克沙地沙漠化变化

表5-16   2006—2018年浑善达克沙地沙漠化变化统计

沙漠化变化	总面积/km²	百分比
严重	1973.5839	4.79%
不变	15140.3950	36.74%
好转	24097.0410	58.47%

根据2006年与2018年浑善达克沙地LAI检测沙漠化，沙漠化等级变化总体有大幅好转（表5-16）：沙漠化等级好转面积为24097.0410 km²，占总面积的58.47%；沙漠化等级没有变化区域面积为15140.3950 km²，占总面积的36.74%，主要分布在浑善达克沙地东北、东南部；沙漠化程度严重区域面积为1973.5839 km²，仅占总面积的4.79%，主要分布在浑善达克沙地西部原有沙地的边界区域，及零星分布正蓝旗区域内，因而近几年正蓝旗区域沙漠化程度有潜在加重趋势。

本节基于MODIS NDVI数据产品与实测LAI数据，拟合NDVI与LAI经验模型，进而实现了浑善达克沙地遥感模型监测LAI值，研究了2006—2018年研究区植被LAI监测及LAI物候变化，并根据LAI时空变化情况，分析了浑善达克沙地沙漠化变化程度，得出以下结论：

（1）2018—2006年全年遥感估算LAI值基本呈逐年增长趋势，2018年LAI值最大，2009年LAI值较低，LAI最大值均出现在8月。

（2）本书建立的浑善达克沙地LAI遥感估算模型精度高于MODIS LAI数据产品，基本接近实测值。

（3）2006—2018年的植被生长季开始日期SOS基本在130～165天，最早在4月中旬，最晚在5月中旬植被开始生长，植被生长结束日EOS在227～260天，集中在7月中旬到8月底之间，表明这期间浑善达克沙地植被开始枯黄，生长季长度LOS长达86～109天。

（4）2006—2018年基于LAI的沙漠化程度年际变化分析得出，2018年沙漠化程度有明显改善，沙漠化程度明显减小的区域主要在浑善达克沙地西北部的苏尼特左旗、阿巴嘎旗和西南部的正镶蓝旗，西部的苏尼特右旗也略有改善，但最西部的沙漠化程度仍为重度。

（5）2006年与2018年LAI监测浑善达克沙地沙漠化等级变化总体有大幅好转，沙漠化等级好转面积为24097.0410 km²，占总面积的58.47%。

5 基于MODIS数据的浑善达克沙地植被吸收光合有效辐射遥感监测模型研究

光合有效辐射吸收比率（FAPAR/FPAR）是反映植被生长状态的关键参数，表示了植被冠层能量的吸收能力，描述植被结构以及与之相关的物质与能量交换过程的基本生理变量，直接反映了植被冠层对光能的截获、吸收能力，是植被多种生物、物理过程（如光合、呼吸、蒸腾、碳循环和降水截获量）估算等的重要参数，是作物生长过程的健康指标[22, 23]，也是反映作物所在地干旱程度的重要指标[22, 24-26]。

FPAR的计算方法主要有基于能量平衡理论估算方法和基于遥感估算方法。遥感反演FPAR方法：经验反演，分为基于LAI的经验算法[27]、基于植被指数的经验算法（见表5-17）[28, 29]；基于机理利用辐射传出模型、孔隙率等方法的FPAR遥感反演[30]。主要FAPAR产品有MODIS FAPAR空间分辨率为500 m的LAI/FPAR监测数据、CYCLOPES FPAR1999—2007年空间分辨率约为1 km的LAI/FPAR监测数据、GEOV1 FPAR基于AVHRR自1981年至今全球范围LAI/FPAR遥感监测数据。

表5-17　基于植被指数或LAI的FPAR不同算法对比

算法	R^2	方法	植被类型	参考文献
FPAR＝0.171×SR−0.186	—	Max/min	高植被/沙漠	Sellers et al., 1994
FPAR＝0.248×SR−0.268	—	Max/min	矮植被/沙漠	Sellers et al., 1994
FPAR＝1.24×NDIV−0.23	—	1D辐射传输方程		Breret et al., 1989
FPAR＝1.164×NDIV−0.143	0.92	1D辐射传输方程		Myneni and Willians, 1994
FPAR＝0.846×NDVI−0.08	0.92	3D辐射传输方程	稀疏植被	Myneni et al., 1992
FPAR＝1.723×MSAVI−0.137	0.968	3D辐射传输方程	热带稀疏草原植被	Begue and Myneni, 1996
FPAR＝min（SR−SRmin/SRmax−SRmin,0.95）SR＝(1+NDVI)/(1−NDVI)	—	CASA model		Potter et al., 1993

本节选取基于植被指数的经验模型，通过 MODIS NDVI 数据计算模拟 FPAR，研究浑善达克沙地2018年5—10月 FPAR 时空变化与分布特征，并与 MODIS FPAR 数据进行对比验证，分析了2006—2018年夏季植被最好月份8月浑善达克沙地 FPAR 变化情况，研究浑善达克沙地植被近15年的生长状态，指示植被的生长过程，进而反映浑善达克沙地干旱程度。

5.1　监测方法

（1）FPAR 数据

FPAR 模型监测中植被指数数据使用的是 MOD13Q1，合成数据空间分辨率为250 m，时间分辨率为16天，具体参数见表5-18，包括归一化植被指数 NDVI 数据产品和增强型植被指数 EVI 数据产品，本书使用 NDVI 数据产品计算 FPAR。验证数据使用的是 MOD15A2H 8天合成数据产品，空间分辨率为500 m，包括 Photosynthetically Active Radiation（FPAR）和 Leaf Area Index（LAI）真实叶面积指数数据，用于验证模型计算 FPAR 的精度，并利用 AccuPAR 植被冠层分析仪，实地测量浑善达克沙地植被 FPAR 值进行研究方法的精度验证及三种 FPAR 数据的精度对比。

表5-18　MODIS数据产品参数

DATA	DS Name	Units	Data Type	Fill Value	Valid Range	Scale Factor
MOD13Q1	250 m 16 days NDVI	NDVI	16–bit signed integer	−3000	−2000 to 10000	0.0001
	250 m 16 days EVI	EVI	16–bit signed integer	−3000	−2000 to 10000	0.0001
MOD15A2H	Fpar_500 m	Percent	8–bit unsigned integer	249～255	0 to 100	0.01
	Lai_500 m	m²/m²	8–bit unsigned integer	249～255	0 to 100	0.1

AccuPAR植被冠层分析仪可用于采集植被光合有效辐射，仪器可探测光谱范围为400～700 nm，测量单位为μmol/（m²·s），在测量中由于植被冠层上方太阳辐射波动不大，但冠层下方辐射波动较大，因此在测量中需要在冠层下方不同方位进行多次测量，本次实验采用的是四方向测量。实地野外测量过程中，首先在植被冠层上方测量太阳辐射，按仪器的up-arrow键，然后翻转仪器探头，在植被冠层1～2 m处测量植被反射辐射，按仪器的down-arrow键，一般再在植被冠层下方测量透过植被冠层的辐射及土壤反射辐射，AccuPAR植被分析仪每次测量为8次测量参数的平均值（表5-19）。同时利用GPS定位样点位置。

Monteith（1977）观测到植被冠层的干物质生产与冠层截取的光合有效辐射直接相关，干物质的生产模型公式为：

$$P = efS \tag{10}$$

公式中P为生产的干物质量，S是辐射通量密度；f是冠层截取比例；e是转换效率。

植被冠层上方的辐射可以被冠层吸收、透射并被土壤表面吸收及反射，因而只有冠层吸收的PAR才能在生产干物质中有用。在地面实测瞬时FPAR数据的获取见公式（11），公式中$PAR_{\downarrow AC}(t)$为植被冠层上方瞬时光电子通量密度（PPFD）；$PAR_{\uparrow AC}(t)$是植被冠层上反射的PPFD；$PAR_{\downarrow BC}(t)$是植被冠层下方的PPFD；$PAR_{\uparrow BC}(t)$是来自土壤表面的PPFD。

$$FPAR\ (t) = \frac{\left[PAR_{\downarrow AC}(t) - PAR_{\uparrow AC}(t)\right] - \left[PAR_{\downarrow BC}(t) - PAR_{\uparrow BC}(t)\right]}{PAR_{\downarrow AC}(t)} \tag{11}$$

表5-19   AccuPAR植被冠层分析仪实地测量数据

ID	Latitude	Longitude	FPAR	ID	Latitude	Longitude	FPAR
1	42.3413	116.5108	0.6442	9	43.0801	117.0992	0.3927
2	42.3790	115.4374	0.5519	10	43.0986	112.4343	0.1467
3	42.5741	115.2482	0.6485	11	43.2000	112.2848	0.1089
4	42.5873	115.7021	0.4914	12	43.4103	116.8282	0.5526
5	42.6268	115.9500	0.7604	13	43.4512	115.1457	0.3246
6	42.7736	116.1965	0.4337	14	43.5012	117.1873	0.4419
7	42.8454	113.5125	0.2657	15	43.5014	117.1872	0.4049
8	42.9963	115.9753	0.9174	16	43.6902	114.8351	0.6258

（2）FPAR遥感模型

吸收光合有效辐射比例（Fraction of Absorbed Photosynthetically Active Radiation，FPAR），指植被吸收的光合有效辐射PAR占入射太阳辐射的比例，反映了植被冠层对太阳辐射能量的吸收程度；光合有效辐射（Photosyntheticallu Aative Radiation，PAR），指陆地植被光合作用所能吸收的400～700 nm的太阳光谱能量。吸收光合有效辐射（Absorbed photosynthetically radiation，APAR），指植被冠层吸收的参与光合生物量累积的光合有效辐射部分。入射到地表的太阳有效辐射一部分被植被冠层反射，一部分被植被冠层吸收，还有一部分透射穿过冠层到达地表，再次被地表吸收和反射（见图5-17）。

$$FPAR = APAR/PAR \qquad (6)$$

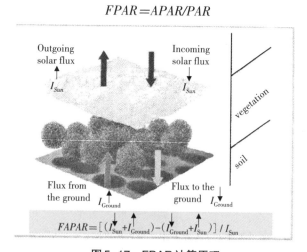

图5-17   FPAR计算原理

（图片引自http：//fapar，jrc.it/WWW/Data/Pages/FAPAR_Home_Introduction.php）

国内外许多研究学者得出FPAR与NDVI、LAI具有显著的相关性，尤其是内蒙古地区普遍的草地类型中贝加尔针茅的FPAR值，对比FPAR与LAI、NDVI及叶绿素含量得出，FPAR与NDVI具有最好的相关性，因而本研究的FPAR遥感反演方法使用CASA模型中的基于植被指数的经验算法，本算法对于植被指数EVI和NDVI的选择，同时考虑了各自的优缺点，植被指数NDVI能很好地反映植被的覆盖情况，因而可通过NDVI计算模拟FPAR，如下公式（12）—公式（16）：

$$FPAR = (FPAR_{NDVI} + FPAR_{SR}) / 2 \tag{12}$$

$$FPAR_{NDVI}(x,t) = [NDVI(x,t) - NDVI_{min}](FPAR_{max} - FPAR_{min}) /$$
$$(NDVI_{max} - NDVI_{min}) + FPAR_{min} \tag{13}$$

$$FPAR_{SR}(x,t) = [SR(x,t) - SR_{min}](FPAR_{max} - FPAR_{min}) /$$
$$(SR_{max} - SR_{min}) + FPAR_{min} \tag{14}$$

$$SR = (1 + NDVI)/(1 - NDVI) \tag{15}$$

$$NDVI = (REF_{NIR} - REF_{RED}) / (REF_{NIR+} - REF_{RED}) \tag{16}$$

公式中SR为比值植被指数，SR的最小值和最大值可以根据荒漠植被类型直接采用朱文泉等[31]确定的值（见表5-20），因而选用草原类型SR_{max}=4.46，SR_{min}=1.05，$NDVI_{max}$、$NDVI_{min}$根据MOD13确定全年的最大值和最小值，其$NDVI_{max}$基本都在每年八月，$FPAR_{max}$和$FPAR_{min}$分别为0.950和0.001，REF_{NIR}、REF_{RED}分别为近红外、红光的反射率。

表5-20　植被类型对应的$NDVI$、SR最大值及最小值

植被类型	$NDVI_{max}$	$NDVI_{min}$	SR_{max}	SR_{min}
灌丛	0.636	0.023	4.49	1.05
草原	0.634	0.023	4.46	1.05
荒漠	0.634	0.023	4.46	1.05

2006年至2018年FPAR的验证可以通过与MODIS数据产品FPAR建立相关性R检验，x_i、y_i分别为第i年模型计算FPAR、MODIS数据产品FPAR，$\bar{x}$、$\bar{y}$分别为多年模型计算平均值FPAR、MODIS数据产品平均值FPAR。FPAR的变化情况可以根据FPAR的增减与变异系数验证，FPAR的增减可以由2006年、2018年FPAR的差值计算；变异系数CV可以反映研究时段内FPAR的变化程度，SD_{FPAR}表示研究区2006—2018年平均值的标准差，n为年数，x_i为第i年平均FPAR，M_{FPAR}为FPAR平均值，CV值越大说明研究时段内FPAR的变化越大[32]。

$$R = \frac{\sqrt{\sum_{i=1}^{n}\left[(x_i - \bar{x})(y_i - \bar{y})\right]}}{\sqrt{\sum_{i=1}^{n}\left[(x_i - \bar{x})^2(y_i - \bar{y})^2\right]}} \tag{17}$$

$$SD_{FPAR} = \frac{\sum_{i=1}^{n} x_i^2 - \frac{\left(\sum_{i-1}^{n} x_i\right)^2}{n}}{n} \tag{18}$$

$$CV = SD_{FPAR} / M_{FPAR} \tag{19}$$

5.2 植被吸收光合有效辐射结果与分析

2018年浑善达克沙地3—10月FPAR分布特征见图5-18，FPAR空间呈东高西低分布，3—8月FPAR呈增长趋势，8月达到最大值（0.99），9月开始减小，基本符合高斯分布。与2018年8月MODIS FPAR数据对比分析见图5-18，具有良好的相关性（$R=0.82$）。

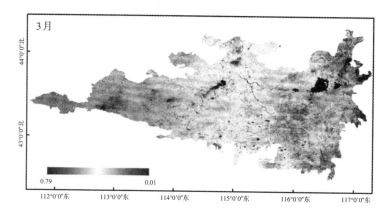

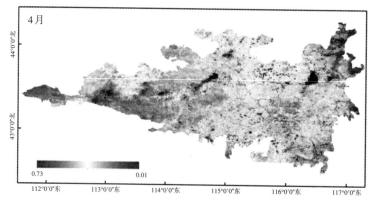

图5-18 2018年3—10月植被FPAR分布图

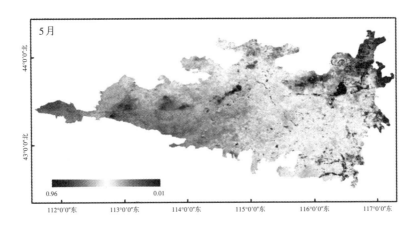

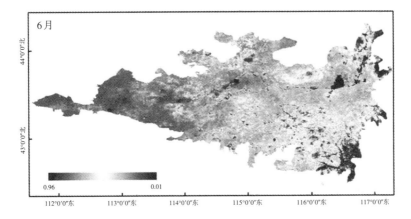

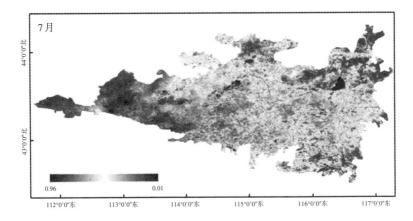

续图5-18　2018年3—10月植被FPAR分布图

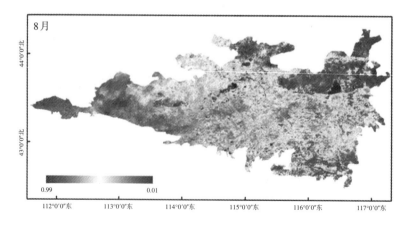

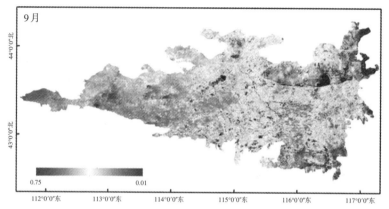

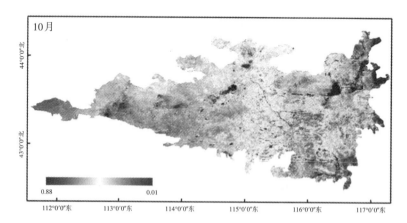

续图5-18　2018年3—10月植被FPAR分布图

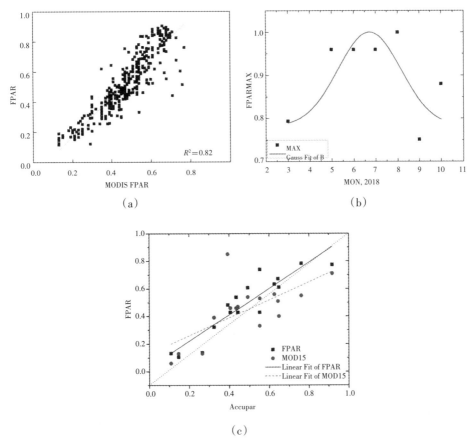

（a）FPAR与MOD15 FPAR数据相关性分析 （b）FPAR 3—8月最大值分布特征
（c）FPAR、MOD15 FPAR与实测数据的精度验证

图5-19 2018年浑善达克沙地FPAR分布特征及精度验证

利用AccuPAR采集的植被光合有效辐射测量的PAR，通过计算得出实际植被的FPAR，将2018年7月底实测FPAR样点值与遥感模型中CASA模型中模拟FPAR的计算方法、MODIS数据产品MOD15 FPAR数据进行对比分析，得出本文中使用的计算方法精度要高于MOD15数据产品［见图5-19（c）］，相关系数为0.8361，而MOD15 FPAR数据的相关系数为0.6072，可见该方法对于草原沙漠化地区的FPAR模拟更为准确。

2006—2018年8月FPAR分布见图5-20，有逐年增长趋势，对比2006—2018年FPAR增加减少与变化率（见图5-21），FPARZ减少面积为754.425 km²，占总面积的18.18%，增加面积为33943.8 km²，约占总面积的81.82%，增长率为0.27%，增长并不显著［$p=0.03$（$p>0.01$）］，增长较突出区域主要分布在浑善达克沙地北部的锡林浩特市。

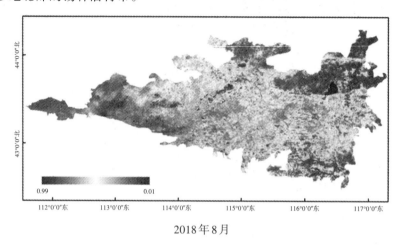

2018年8月

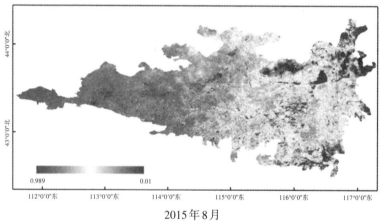

2015年8月

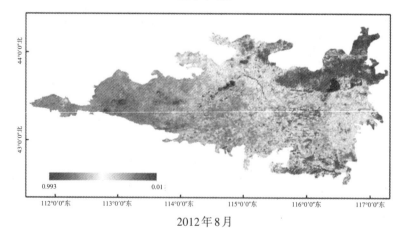

2012年8月

图5-20　2006—2018年8月浑善达克沙地FPAR分布特征

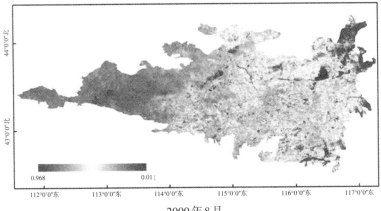

2009年8月

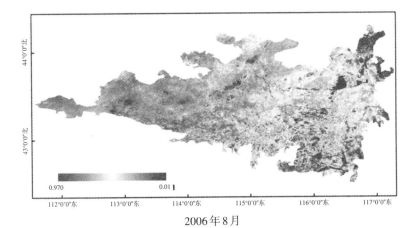

2006年8月

续图5-20　2006—2018年8月浑善达克沙地FPAR分布特征

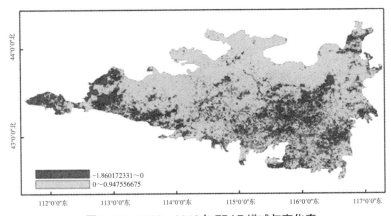

图5-21　2006—2018年FPAR增减与变化率

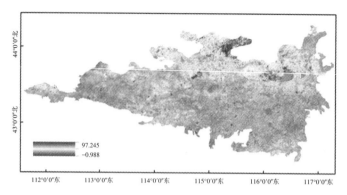

续图5-21 2006—2018年FPAR增减与变化率

根据2006—2018年8月浑善达克沙地植被光合有效辐射值的范围，按照等间距划分方法可以分为5个等级：

1级：0～0.2；2级：0.2～0.4，3级：0.4～0.6；4级：0.6～0.8；5级：0.8～1。

对比5个FPAR等级分布情况，总体分布特点呈现西部FPAR较低，东部及东北部区域FPAR较高，草地生态环境较好。

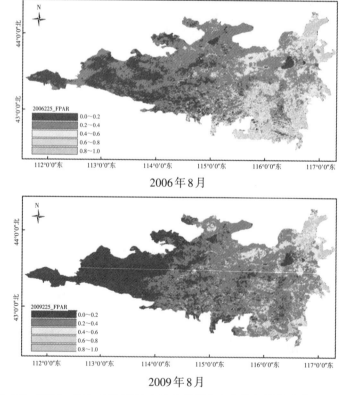

图5-22 2006—2018年浑善达克沙地基于光合有效辐射的沙漠化等级分布

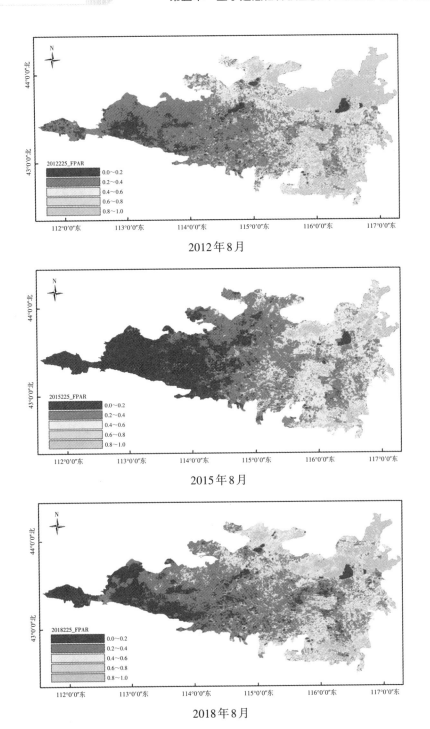

2012 年 8 月

2015 年 8 月

2018 年 8 月

续图 5-22 2006—2018 年浑善达克沙地基于光合有效辐射的沙漠化等级分布

从年度分布来看，从2006年到2018年，总体上浑善达克沙地FPAR呈逐年增长趋势，沙漠化程度有所好转，其中2009年浑善达克沙地FPAR分布整体偏低，植被生长状况较差，整体沙漠化程度较为严重，浑善达克西部基本呈重度沙漠化，中部及东部大部分呈中度沙漠化。2012年整体FPAR有所好转，2015—2018年FPAR较为稳定。

从空间分布分析，从2006年到2018年，FPAR总体呈走高趋势，一级FPAR、二级FPAR有所减小，减少面积分别约为1230.90 km²、3896.70 km²，显著性分别为0.49862、0.09634，表现为一级FPAR减少不显著，但二级FPAR减少显著。三级FPAR、四级FPAR、五级FPAR均有所增加，增加面积分别为1937.85 km²、1880.82 km²、1308.45 km²，但总体增加的显著性均较高。

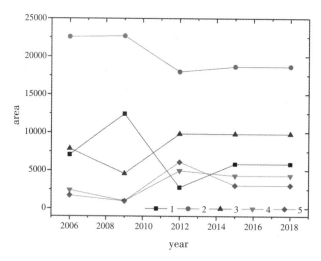

图5-23 2006—2018年浑善达克沙地沙漠化类型变化趋势

表5-21 2006—2018年浑善达克沙地基于光合有效辐射变化

（面积单位：km²）

CODE	2018	2015	2012	2009	2006	变化	变化率
1	5847.76	5847.76	2770.05	12430.69	7078.67	−1230.90	−21.05%
2	18654.12	18654.12	17992.95	22676.68	22550.82	−3896.70	−20.89%
3	9807.35	9807.35	9810.87	4577.38	7869.50	1937.85	19.76%
4	4297.14	4297.14	4957.11	977.29	2416.32	1880.82	43.77%
5	3023.38	3023.38	6102.02	973.91	1714.93	1308.45	43.28%

本节选取基于植被指数的经验算法，通过 MODIS NDVI 数据计算模拟 FPAR，研究浑善达克沙地 2018 年 3—10 月 FPAR 时空变化与分布特征，分析了 2006—2018 年期间夏季植被最好月份 8 月浑善达克沙地 FPAR 变化情况，得出：

（1）2018 年浑善达克沙地 3—10 月 FPAR 空间呈东高西低分布，3—8 月呈增长趋势，8 月达到最大值（0.99），9 月开始减小，基本符合高斯分布；与 2018 年 8 月 MODIS FPAR 数据对比分析具有良好的相关性（0.82）。

（2）2006—2018 年 8 月 FPAR 有逐年增长趋势，其中减少面积为 754.425 km²，占总面积的 18.18%，增加面积为 33943.8 km²，约占总面积的 81.82%，增长率为 0.27%，增长并不显著 $[p=0.03（p>0.01）]$，主要分布在浑善达克沙地北部的锡林浩特市。

（3）从 2006 年到 2018 年，总体上浑善达克沙地 FPAR 呈逐年增长趋势，沙漠化程度有所好转，表现为一级 FPAR、二级 FPAR 化有所减小，减少面积分别约为 1230.90 km²、3896.70 km²，三级 FPAR、四级 FPAR、五级 FPAR 均有所增加，增加面积分别为 1937.85 km²、1880.82 km²、1308.45 km²。

FPAR 模型估算方法发展了先验知识等多种数学反演算法，但仍是病态反演，缺乏生态学意义，需要深入实验研究；经验模型中对区域特征估算精度较高，但适用性较差，同时参与模型运算的植被指数受植被背景、大气影响、尺度效应等因素影响，因而基于遥感数据模型的 FPAR 反演精度有待进一步提高与深入探讨。

6　基于 MODIS 数据的浑善达克沙地植被净第一生产力遥感监测模型研究

草地生态系统是陆地生态系统的重要组成部分，植被净初级生产力（Net Primary Production，NPP）指植物在单位时间和单位面积上所产生的有机干物质总量，是生物地球化学碳循环的关键环节，也是反映大气中二氧化碳的变化及人类活动导致的气候变化对陆地植被的影响。区域 NPP 的时空变化是陆地碳循环变化的直接表现，比 NDVI 植被指数模型能更准确地反映碳储备。内蒙古草地生态系统区别于青藏高原高寒的草地生态系统，位于我国内蒙古高原，气候干旱，生态环境脆弱，分布范围广阔，包含多种草地类型，草地 NPP 的分析研究对于研究草原及沙漠化草原地带、农牧交错带自然环境的演变，及对研究气候变化响应具有重要意义。

早在 20 世纪初，丹麦物理学家在《植物的物质生产》一书中首次提出植被总生产量和净生产量概念，Lieth 首次提出 NPP 模型估算了全球 NPP 及地理分布情况；20世纪60年代，国际生物学计划开展了大量的实地观测，为数据模型提供了参数、验证基础；20世纪70年代，国际科联（ICSU）发起国际生物学计划，重在研究各个生态系统的NPP；建立于1987年的国际地圈-生物圈计划（IGBP）重在研究生物学过程的相互作用，进而推广到全球的NPP研究。总的发展历程经历了气候生产力模型、生态机理过程模型、遥感光能利用率模型。

6.1 基本概念

总初级生产力（Gross primary productivity，GPP）是指在单位时间和单位面积上，绿色植物通过光合作用所产生的全部有机物同化量，即光合总量。GPP中除了包含植物个体各个部分的生产量外，还包括同期内植物群落为维持自身生存，通过呼吸所消耗的有机物，单位为$g / (m^2 \cdot a)$或$t / (hm^2 \cdot a)$。

净初级生产力NPP是指绿色植物在单位面积、单位时间内所积累的有机物数量，是由光合作用所产生的有机质总量中扣除自养呼吸的剩余部分：

$$NPP = GPP - R_a \tag{20}$$

公式中R_a为绿色植物自养呼吸的消耗量。

生物量（Biomass）是指一定时间单位面积所含的一个或多个生物物种或一个生物群落中所有生物有机体的总干物质。单位为g /m^2或t /hm^2，生物量是每年净生产量的存留部分，公式中f_{vl}是残落物速率。

$$BIO = NPP - f_{vl} \tag{21}$$

NPP可以反映生态系统中的碳循环，生态系统中的碳由生物炭和土壤有机碳构成，生物圈与大气圈间的碳循环主要通过CO_2交换来实现（见图5-24）。

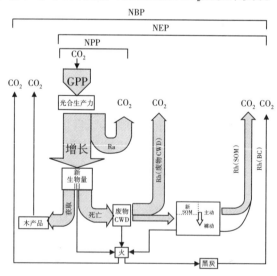

图5-24 陆地生态系统碳循环

6.2 监测方法

(1) 气候生产力模型

植物的生长很大程度受气候因素（如降水、温度、蒸散发等）的影响，通过植物与气候因子建立相关性，可以估算植物NPP，其中代表性的有Miami模型、Thorthwaite模型和Chikugo模型等。1975年，Lieth基于实测数据提出了Miami模型，认为NPP是年平均气温和降水量的函数，后经Lieth、Thomthwaite、Rosen-zweig等学者的改善，增加了蒸散发气象影响因子，来提高模型模拟精度。1985年，Uchijima等学者考虑了植物对光能的利用率，利用实测生物量干重和气象数据进行相关分析，建立了根据净辐射和辐射干燥度计算的NPP模型（Chikugo模型）。

(2) 生态机理过程模型

生态机理过程模型也是NPP估算应用比较广的一种模拟模型，是结合植物生长发育的基本生态生理过程及气候（气温、太阳辐射、水汽、CO_2）、土壤因素（土壤水分）建立的NPP估算生态过程模型，代表性模型有CENTURY、CARAIB、KGBM、SILVAN、TEM、BIOME-BGC等。但模型受研究尺度的限制只能做小范围估算。

(3) 遥感光能利用率模型

随着遥感技术的发展，遥感影像提供了多种高时间、空间分辨率数据，为NPP估算提供了新的技术手段。利用光能利用率估算NPP。可用公式（22）表示，公式中APAR为植物吸收光合有效辐射，可以通过遥感影像数据获取；多为植物光能利用率，受水、温度、营养物质等因素影响。代表性光能利用率模型是CASA、GLO-PEM、SDBM等。光能利用率模型具有数据覆盖范围广的特点，冠层叶绿素所吸收的光合有效辐射可以通过遥感数据获取，NPP估算的时间维度多样等特点，因而也成为NPP估算模型的主要发展方向，同时不同光能利用率的环境限制因子主要有温度f（T）、土壤湿度f（SM）、冠层水分状况f（w）、空气水汽压亏缺f（VPW）和物候f（P）等。

$$NPP = APAR \times \xi \qquad (22)$$

CASA模型

CASA（Carnegie-Ames-Stanford Approach）模型是一个基于过程的遥感模型，也是最早发展的光能利用率模型：

$$NPP = FPAR \times PAR \times \xi_{max} \times f(T_1, T_2, W) \qquad (23)$$

公式中T_1、T_2和W为温度和水分胁迫对光能利用率的限制因素，ξ_{max}为理想条件下的最大光能利用率；*FPAR* 为植物冠层吸收光合有效辐射的比例，*PAR* 为入射的光合有效辐射，两种相乘为植物冠层吸收的光合有效辐射，其中 *FPAR* 受植被类型和植被覆盖度的影响。

GLO-PEM 模型

GLO-PEM（Global Production Efficiency Model）模型由植被冠层辐射吸收与利用、影响植物光能利用率的环境因子以及植被自养呼吸等组成。

$$NPP = FPAR \times PAR \times \xi_{max} \times f \times Y_g \times Y_m \tag{24}$$

公式中 Y_g 为植被生长呼吸系数，设置为 0.75；Y_m 为植被维持性呼吸系数；f 受气温、湿度、土壤水分等因素影响。

近年来 NPP 估算模型主要有传统经验模型、生态机理过程模型、遥感光能利用率模型，其中遥感光能利用率模型主要是基于影像数据进行的大尺度地表 NPP 观测。John L. Monteit[33] 提出的 NPP 模型原型，结果表明，植被净第一性生产力和吸收太阳辐射能量呈线性关系；美国 NASA（National Aeronautics and Space Administration）Earth Observing System（EOS）提供了全球 GPP、NPP 数据估算产品，精确地反映了陆表植被生长状况[34]；国内学者也做了大量的光谱反射率与地上生物量的相关研究，朱文泉提出的不同植被最大光能利用率差异，以内蒙古植被类型为例构建了区域 NPP 估算模型，估算了植被净生产力，并分析了其时空分布特征[35]，为进一步考虑遥感估算模型，深入研究提出了水分胁迫、植被覆盖度、最大光能利用率的模拟，提高了模型估算精度，重建了中国陆地生态系统不同土地覆盖下 NPP 年际、年内变化[36]；张镱锂等对青藏高原高寒草地 1921 年以来的净初级生产力，分别从地带属性、流域、行政区域等做了时空变化分析[37, 38]；包刚等以光能利用率模型 CASA 模型为基础，遥感估算了研究区 NPP 值及进行了相关时空格局分析[39]。但对于近几年我国内蒙古高原干旱地区的沙地、草地及其过渡带的 NPP 变化研究较少，尤其是在内蒙古分布的典型沙地之一浑善达克沙地，同时对浑善达克沙地遥感估算 NPP 光学模型的研究更是缺少实测数据的校正与验证。因而书中提出基于 MODIS 的 NPP 数据，结合实地植被生物量干重数据转换为植被净初级生产力数据，构建适用于浑善达克沙地植被净初级生产力遥感估算光学模型，研究 2006—2018 年间 NPP 的时空分布特性，分析不同植被类型对 NPP 的贡献，及研究区气候响应对 NPP 的变化影响，反映浑善达克沙地地表植被生长状况及区域生态环境沙地的时空变化。

MODIS 数据产品 MOD17

MODIS / Terra MOD17A3H 数据产品提供了准确的测量陆地植被生长状况数

据，包括全球植被总第一性生产力GPP（Gross Primary Productivity）和年植被净第一性生产力NPP（Net Primary Productivity）总量数据，NPP数据是由45期（8天为一期的合成数据）数据合成，空间分辨率为500 m，单位为kgC / m²，见表5-22。MOD17数据产品使用水分、温度和空气水汽压亏缺的分段函数来描述潜在光能利用率的限制作用，经过投影变化、镶嵌、裁剪等数据处理后，研究浑善达克地区多年NPP时空变化特征[40, 41]。

表5-22 MOD17数据产品说明

SDS Name	Description	Danwaei	Data Type	Fill Value	Valid Range	Scale Factor
Npp_500m¹	Net Primary Productivity	kg C/m²	16-bit signed integer	32767	−30000 to 32700	0.0001

6.3 NPP时空分布分析

NPP（Net Primary Productivity）是指在单位时间和单位面积上，绿色植物所积累的有机物数量，是由光合作用所固定的有机质总量中扣除植物自养呼吸的消耗量后的剩余部分。MOD17A3H数据产品估算NPP数据是由45期（8天为一期的合成数据）GPP数据累加合成，GPP是植被总第一性生产力（Gross Primary Productivity），是指绿色植物在单位时间内，在单位面积上通过光合作用所产生的全部有机物同化量，即光合总量，由于受大气和云的影响，GPP为8天晴空下合成数据。GPP的遥感估算[42]用实际光能利用率利用ε（g C·MJ⁻¹）和植物的光合有效辐射APAR表示，其中ε因受气候条件与植被类型影响而不同[43, 44]，APAR因季节辐射能量及植物叶子形态而变化，APAR可以用遥感数据植被指数进行拟合，其中光合有效辐射吸收FPAR值为0～1。

$$NPP = \sum GPP = \varepsilon \sum APAR \qquad (25)$$

MOD17A3H数据产品估算NPP数据与实地采样数据做对比，由于NPP实测难度较大，通常采用生物量转换NPP数据代替NPP实测值，用2018年8月初在浑善达克沙地实地采集地上生物量和地下生物量20个样点，每个样点3个1 m²样方，65 ℃48 h烘干后取地上生物量和地下生物量干重和，通过碳含量转换算法[45, 46]，按0.475的比率换算成碳单位。但在实际采样过程中地下生物量采集人为误差较大，主要原因在于地上生物量在采集过程中未全部采集回来进行烘干称重，而地下生物量的采集过程为1 m²样方根部提取3个10 cm直径样方再换算到1 m²的地下生物量，在采集过程中难免有不具代表性样点，因而人为误差较大。其次从计算生物量干重转换为NPP数据后与MOD17数据做相关性分析，采取了两种方法：一种方法是完全按照野外实际生物量采样数据，分别计算地上生物量和地下生物量干重，然后转化为NPP，再与MOD17数据做相关性分析，见图5-17（a），拟合线性函数相关系数为$R^2=0.5855$；另一种方法是计算地下生物量占地上生物量比重，根据采样植被类型主要为草地，其生物量比重按照0.4计算，直接由地上生物量干重转换为地下生物量干重，计算生物量总和后转化为NPP，再与MOD17数据做相关性分析[47-49]，见图5-25（b），拟合线性函数相关系数$R^2=0.7425$；可见第二种验证方法拟合精度较好，同时MOD17A3H数据产品与实测植被NPP值对比略偏低，见表5-23。

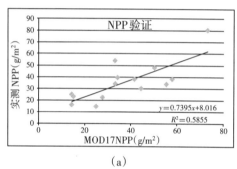
（a）

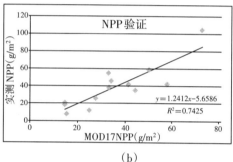
（b）

图5-25　实测数据与MOD17 NPP的精度验证

表5-23　实测数据与MOD17 NPP数据

点号	经度/°	纬度/°	地上净干重/g	地下净干重/g	样本数	总生物量干重/g	平均实测NPP/g·m⁻²	地上干重转换NPP/g·m⁻²	MOD17 NPP/g·m⁻²
24	115.7237	43.50464	68.416	14.777	3	83.193	39.51668	45.49664	34.3
27	117.1873	43.50116	63.495	16.711	3	80.206	38.09785	42.22418	41.5
19	115.1457	43.45125	16.979	13.781	3	30.76	14.611	11.29104	24.9
12	113.1348	43.44971	11.421	37.31	2	48.731	23.14723	7.594965	15.3
22	115.6326	43.34158	38.428	8.892	3	47.32	22.477	25.55462	27.6
13	114.4009	43.33986	57.108	14.284	3	71.392	33.9112	37.97682	33.2

点号	经度/°	纬度/°	地上净干重/g	地下净干重/g	样本数	总生物量干重/g	平均实测NPP/g·m⁻²	地上干重转换NPP/g·m⁻²	MOD17 NPP/g·m⁻²
9	113.3856	43.27465	30.374	3.417	1	33.791	16.05073	20.19871	14.5
9	113.3856	43.27465	27.267	24.938	3	52.205	24.79738	18.13256	14.5
41	115.6419	42.99622	82.388	31.1789	3	113.5669	53.94428	54.78802	33.1
43	115.9087	42.8685	88.152	12.48	3	71.519	47.8002	58.62108	50.3
39	116.0298	42.77362	63.1	17.006	3	100.632	38.05035	41.9615	58
45	116.0048	42.44973	52.317	11.089	3	80.106	30.11785	34.79081	44.4
35	116.6873	42.18957	157.307	11.968	3	63.406	80.40563	104.6092	73.1

通过加入实测数据构建的NPP模型，研究区年NPP总量精度检验使用了相关系数 R^2 与标准误差 SE[48]，x_i、y_i 分别代表实测数据NPP、MOD17 NPP，x_a、y_a 分别为样本平均值，公式如下；2006—2018年13年期间，过计算2018年实测NPP数据与模型计算NPP值相关系数 R^2 与标准误差 SE，得出 $R^2=0.7188$，$SE=9.8\ g/m^2$，见图5-26（a）。

$$R^2 \frac{\sum_{i=1}^{n}(x_i - x_a) \times (y_i - y_a)}{\sqrt{\sum_{i=1}^{n}(x_i - x_a)^2 \sum_{i=1}^{n}(y_i - y_a)^2}} \tag{26}$$

$$SE = \sqrt{\frac{\sum_{i=1}^{n}(x_i - x_a)^2}{n}} \tag{27}$$

每年的NPP值在8月达到全年最大，对比分析2018年8月经验模型、CASA模型及MOD17数据NPP精度，得出本书使用的模型与实测NPP最为接近，精度要高于CASA模型及MOD17。

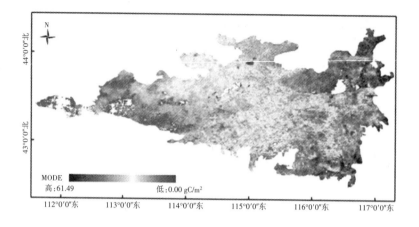

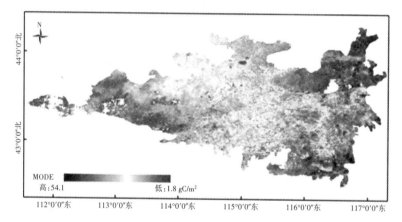

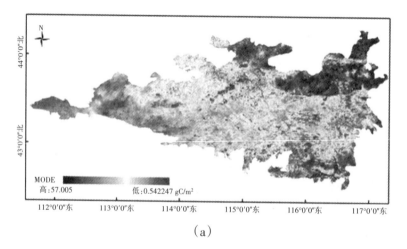

（a）

图5-26 （a）2018年8月NPP分布

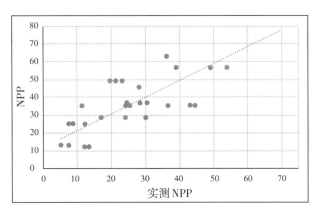

续图 5-26　（b）实测数据 NPP 与模型 NPP 验证

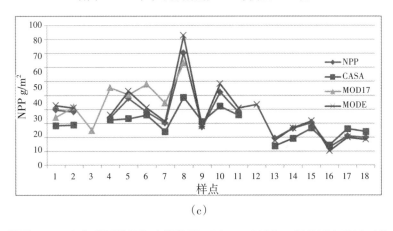

（c）

续图 5-26　（c）模型数据与实测数据 NPP_{mean}、MOD17 及 CASA NPP 对比

6.4　NPP 年际分布变化分析

从 2006 年到 2018 年 13 年期间，每年 3—11 月浑善达克沙地地表有 NPP 累计值，其他月份均为 0 值，3 年为观测间隔，2006 年、2009 年、2012 年及 2018 年 NPP 年总量分布见图 5-27，从分布情况来看，每年 3—11 月浑善达克沙地年 NPP 总量分布，通从研究区 NPP 总体分布情况得出，NPP 总量呈现出东高西低的分布特点；从统计数据得出，15 年间浑善达克沙地 NPP 年际总量变化为 200.3 gC/（m²·a）到 225.0 gC/（m²·a），多年平均 NPP 为 213.3 gC/（m²·a），2012、2015、2018 年均高于平均值，2015 年达到最高，高于多年平均 5.49%，2012 年为 3.89%，2018 年为 2.34%，基本呈现增长趋势，但近年略有所下降，增长趋势并不显著（$p = 0.10$）。

从统计数据来看，2012 年 NPP 平均值最高为 86.0152 gC/（m²·a），其次为

2015年年际平均NPP值，最低为2006年，基本表现为逐年增加的趋势，其中2012年植被净生产力从平均值和标准差来看，较2015年略好，见表5-24。

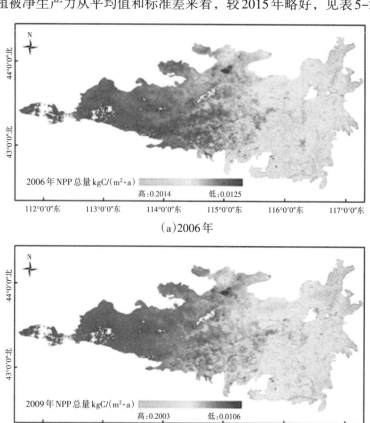

（a）2006年

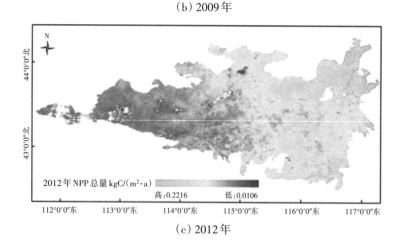

（b）2009年

（c）2012年

图5-27　2006—2018年浑善达克沙地年NPP总量分布特征

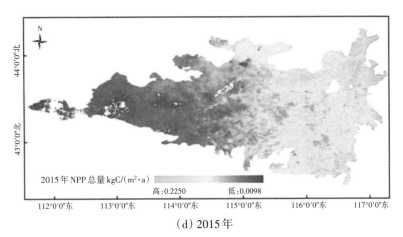

（d）2015 年

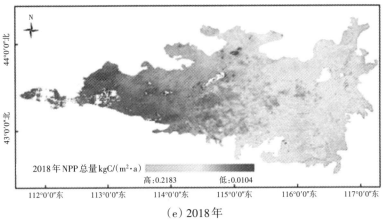

（e）2018 年

续图 5-27　2006—2018 年浑善达克沙地年 NPP 总量分布特征

表 5-24　2006—2018 年 NPP 年际变化

年际	累计月份	最小值	最大值	平均值	标准差
2006	3—11 月	12.5	191.5	76.95375	37.159184
2009	3—11 月	10.6	193.1	81.3682678	39.8846689
2012	3—11 月	10.6	208.5	86.0153633	41.9584131
2015	3—11 月	9.9	214.3	82.2834274	41.217348
2018	3—11 月	10.4	205.9	88.3831014	43.9084986

　　2006—2018 年多年年度标准差和变异系数见图 5-28，浑善达克沙地东南部标准差较小，说明其多年间 NPP 平均值变化不大，而西北部变异系数较大（最高为 57%），说明 NPP 波动较大，植被较为脆弱。

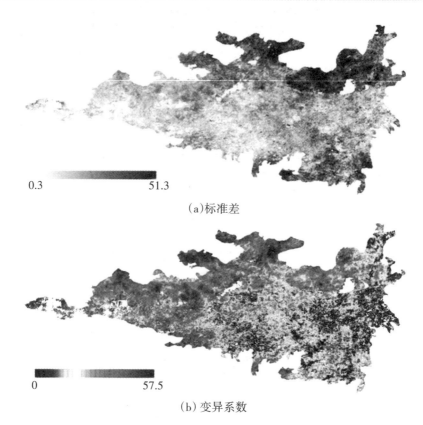

（a）标准差

（b）变异系数

图5-28 2006—2018年浑善达克沙地NPP空间分布

6.5 NPP植被类型年际变化分析

根据Bonan提出的土地覆盖与植被功能型的气候因子，对MICLCover进行转换，发展了中国区域1981—2008年植被功能区划[50]，浑善达克沙地研究区主要的植被功能是草地，夹杂有阔叶林、灌丛、农田、永久湿地、城市与建筑用地、裸地与稀疏植被、水体[51]。

本书结合内蒙古自治区资源系列地图中的1∶500万内蒙古自治区植被类型图、包刚对内蒙古生态系统不同植被类型划分及野外实地调研，并根据气候带的划分，确定了浑善达克沙地植被类型，见表5-25。

浑善达克沙地研究区主要的植被功能区划分为草地、阔叶林、灌丛、农田、永久湿地、城市与建筑用地、裸地与稀疏植被、水体，见图5-29。受气候影响其林地主要为落叶阔叶林；草原又可以根据气候类型分为暖温草原（禾草，半灌木荒漠草原）、中温草原（丛生禾草、根茎禾草典型草原，矮禾草，矮半灌木荒漠草原）；荒漠分为草原地带的沙地植被、草原化荒漠、沙质荒漠[52,53]。

表5-25　浑善达克沙地植被类型

植被功能区划	植被类型	代码
落叶阔叶林	落叶阔叶林	1
疏林	疏林	2
灌丛	灌丛	3
暖温草原	禾草,半灌木草原	41
中温草原	林缘杂类草草甸,禾草,杂类草草甸	42
中温草原	丛生禾草,根茎禾草典型草原	43
中温草原	矮禾草,矮半灌木荒漠草原	44
荒漠	草原地带的沙地植被	51
荒漠	草原化荒漠	52
荒漠	沙质荒漠	53
人工植被	人工植被	6
水域	水域	7
低湿地植被	低湿地植被	8

统计2006—2018年3—11月不同植被类型年际NPP变化，其他月份地表NPP值为零，统计数据见表5-26。

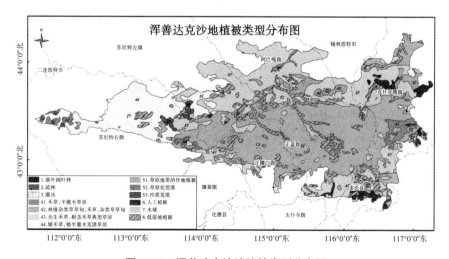

图5-29　浑善达克沙地植被类型分布图

表5-26　3—11月份不同植被类型年际 NPP 统计结果

单位：gC/cm²·a

2006年物种NPP	代码	最小值	最大值	范围	平均值	总和
落叶阔叶林	1	0.0690	0.1494	0.0803	0.1163	102.6645
疏林	2	0.0724	0.1320	0.0597	0.1014	8.5214
灌丛	3	0.0507	0.1249	0.0742	0.0864	44.0747
禾草,半灌木草原	41	0.0408	0.1261	0.0853	0.0833	199.5680
林缘杂类草草甸,禾草,杂类草草甸	42	0.0624	0.2015	0.1391	0.0980	562.3807
丛生禾草,根茎禾草典型草原	43	0.0140	0.1443	0.1303	0.0626	3066.1676
矮禾草,矮半灌木荒漠草原	44	0.0125	0.0603	0.0478	0.0305	579.1703
草原地带的沙地植被	51	0.0141	0.1361	0.1220	0.0625	3867.1387
草原化荒漠	52	0.0164	0.0426	0.0262	0.0256	32.4440
沙质荒漠	53	0.0223	0.0645	0.0422	0.0329	38.1559
人工植被	6	0.0217	0.1398	0.1180	0.0899	244.6834
水域	7	0.0129	0.1171	0.1042	0.0410	22.3290
低湿地植被	8	0.0132	0.1551	0.1418	0.0655	1032.6793

2009年物种NPP	代码	最小值	最大值	范围	平均值	总和
落叶阔叶林	1	547.36	1611.91	1064.55	1212.50	1070634.76
疏林	2	706.14	1328.23	622.08	1018.00	84493.83
灌丛	3	431.36	1251.44	820.07	806.18	411150.34
禾草,半灌木草原	41	358.13	1282.02	923.90	788.35	1889674.98
林缘杂类草草甸,禾草,杂类草草甸	42	514.19	2003.97	1489.78	975.23	5594898.49
丛生禾草,根茎禾草典型草原	43	147.65	1533.43	1385.78	574.67	28167358.80
矮禾草,矮半灌木荒漠草原	44	123.17	533.67	410.50	280.24	5324875.35
草原地带的沙地植被	51	140.89	1425.95	1285.06	579.74	35843961.00
草原化荒漠	52	140.65	353.54	212.89	254.58	322041.96
沙质荒漠	53	197.82	373.81	175.99	281.32	326607.04
人工植被	6	243.34	1486.40	1243.06	850.11	2314850.92
水域	7	106.13	1180.88	1074.75	404.37	200567.83
低湿地植被	8	131.17	1550.87	1419.71	602.36	9485934.07

续表5-26

2012年物种NPP	代码	最小值	最大值	范围	平均值	总和
落叶阔叶林	1	0.0625	0.1743	0.1119	0.1377	121.5547
疏林	2	0.0703	0.1412	0.0709	0.1085	9.1099
灌丛	3	0.0561	0.1377	0.0815	0.0935	47.6837
禾草,半灌木草原	41	0.0336	0.1346	0.1010	0.0875	209.8304
林缘杂类草草甸,禾草,杂类草草甸	42	0.0630	0.2216	0.1586	0.1189	682.2394
丛生禾草,根茎禾草典型草原	43	0.0165	0.1637	0.1472	0.0814	3989.9103
矮禾草,矮半灌木荒漠草原	44	0.0128	0.0761	0.0632	0.0429	814.9652
草原地带的沙地植被	51	0.0183	0.1539	0.1356	0.0730	4511.3992
草原化荒漠	52	0.0207	0.0623	0.0415	0.0386	48.8174
沙质荒漠	53	0.0277	0.0608	0.0332	0.0421	48.8440
人工植被	6	0.0314	0.1650	0.1336	0.1047	285.0878
水域	7	0.0107	0.1290	0.1183	0.0505	26.6990
低湿地植被	8	0.0126	0.1628	0.1502	0.0788	1241.3669

2015年物种NPP	代码	最小值	最大值	范围	平均值	总和
落叶阔叶林	1	0.0496	0.1653	0.1157	0.1309	115.6130
疏林	2	0.0719	0.1312	0.0593	0.1034	8.6849
灌丛	3	0.0492	0.1334	0.0843	0.0906	46.2272
禾草,半灌木草原	41	0.0359	0.1340	0.0980	0.0886	212.3753
林缘杂类草草甸,禾草,杂类草草甸	42	0.0577	0.2251	0.1674	0.1131	648.9837
丛生禾草,根茎禾草典型草原	43	0.0156	0.1588	0.1432	0.0702	3441.3053
矮禾草,矮半灌木荒漠草原	44	0.0118	0.0621	0.0503	0.0317	601.6210
草原地带的沙地植被	51	0.0148	0.1426	0.1278	0.0662	4094.6323
草原化荒漠	52	0.0136	0.0425	0.0289	0.0258	32.6652
沙质荒漠	53	0.0217	0.0475	0.0258	0.0330	38.2659
人工植被	6	0.0302	0.1577	0.1275	0.1014	276.2250
水域	7	0.0098	0.1226	0.1127	0.0471	25.1768
低湿地植被	8	0.0138	0.1598	0.1460	0.0701	1103.6484

续表5-26

2018年物种NPP	代码	最小值	最大值	范围	平均值	总和
落叶阔叶林	1	0.0533	0.1818	0.1285	0.1313	112.3625
疏林	2	0.0864	0.1554	0.0690	0.1233	9.8611
灌丛	3	0.0489	0.1551	0.1062	0.0899	44.6747
禾草,半灌木草原	41	0.0384	0.1487	0.1103	0.0925	220.7888
林缘杂类草草甸,禾草,杂类草草甸	42	0.0627	0.2184	0.1557	0.1067	605.1156
丛生禾草,根茎禾草典型草原	43	0.0158	0.1731	0.1574	0.0720	3512.2866
矮禾草,矮半灌木荒漠草原	44	0.0124	0.0598	0.0474	0.0355	655.9485
草原地带的沙地植被	51	0.0162	0.1771	0.1609	0.0688	4242.4465
草原化荒漠	52	0.0163	0.0410	0.0247	0.0276	32.3283
沙质荒漠	53	0.0223	0.0540	0.0318	0.0377	43.5637
人工植被	6	0.0319	0.1726	0.1407	0.1033	277.4113
水域	7	0.0105	0.1394	0.1289	0.0507	23.2256
低湿地植被	8	0.0140	0.1770	0.1630	0.0733	1143.1328

注释：NPP 最小值、最大值、范围、平均值、标准差和总和（g C/m2/yr）

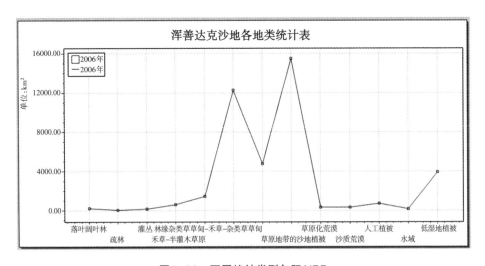

图5-30 不同植被类型年际NPP

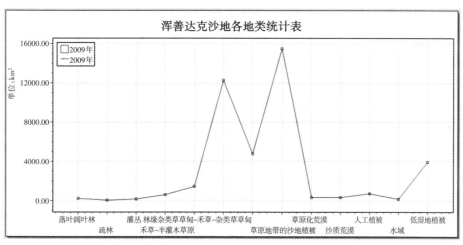

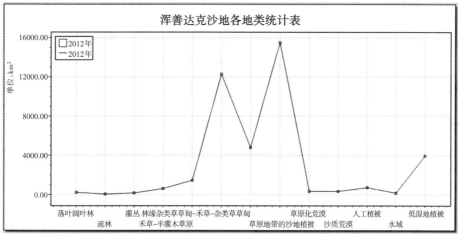

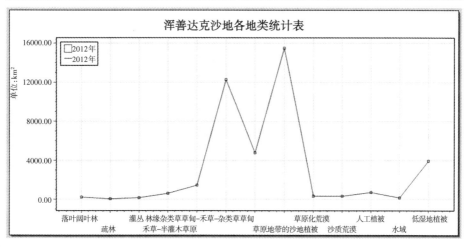

续图5-30　不同植被类型年际NPP

　　草原地带的沙地植被分布面积最大15457.00（km²），主要分布在浑善达克研究区中部，也是沙漠化最为严重的区域，年NPP总量也最大；约占总NPP的40%，2006—2018年其NPP总体贡献率先下降后上升，2012年最低。其次为丛生禾草、根茎禾草典型草原，面积为12253.75km²，主要分布在浑善达克研究区北部、东北部及东南部区域，约占总NPP的30%，2006—2018年间，2012年NPP贡献率最高（33.05%）。其他植被类型NPP总量年际变化基本波动不大，从大到小依次为低湿地植被约10%，林缘杂类草草甸、禾草、杂类草草甸与矮禾草、矮半灌木荒漠草原约5%～6%，禾草、半灌木草原与人工植被约2%，其他植被类型贡献率均不足1%。说明浑善达克沙地NPP受草原地带的沙地植被和丛生禾草、根茎禾草典型草原影响较大，且两种植被类型逐年NPP变化出现此消彼长趋势，总体表现为丛生禾草、根茎禾草典型草原NPP值在增加，说明浑善达克沙地研究区近几年土地沙漠化程度在下降。

　　从单位面积的同植被类型NPP变化特征来看，落叶阔叶林的平均单位面积NPP值最高，其次为疏林，林缘杂类草草甸、禾草、杂类草草甸，人工植被。2006—2018年期间变化来看，2012年除疏林外各类植被类型的平均单位面积NPP值最高，其次为2015—2018年，最低为2006—2009年，总体表现为各类植被类型的平均单位面积NPP值有逐年增加趋势。

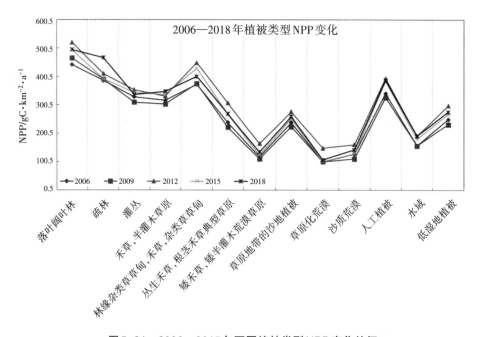

图5-31　2006—2015年不同植被类型NPP变化特征

6.6 NPP与气象因素分析

为探讨浑善达克沙地NPP年际变化与气象因素的关系[54, 55]，研究区内选取了6个气象站点（中国气象局数据网），自西向东分别是朱日和、苏尼特左旗（东苏）、阿巴嘎、正镶白旗、正蓝旗、多伦县。气象因素主要选取了年平均降水和年平均气温，利用Mann-kendall法对近15年来浑善达克沙地的气温、降水变化趋势进行检验[56]，结果见图5-32、表5-27、表5-28。近15年来6个气象站点年平均降水均没有超出临界值，说明没有明显的趋势变化，其中苏尼特左旗（东苏）、阿巴嘎、正蓝旗总体降水量有上升趋势，其他旗县在上升、下降之间波动。

近15年来6个气象站点年平均气温变化较为显著，从UFK、UBK的交点分析，总体呈现出2010年前气温呈增长趋势，2010—2013年间出现下降趋势，从2013年开始又出现增长趋势，见图5-33。

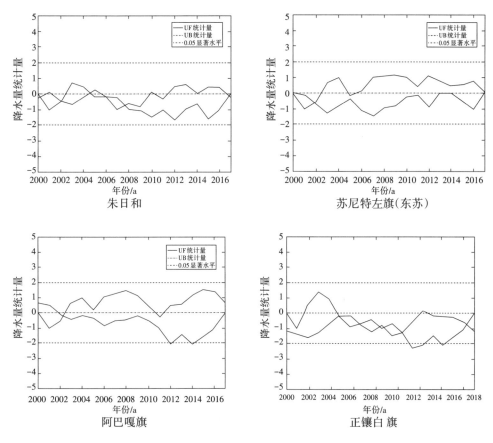

图5-32　2002—2018年降水变化趋势检验结果

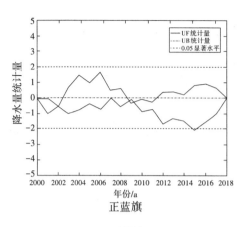

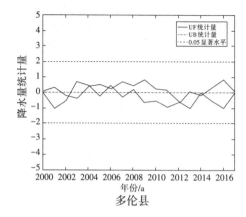

正蓝旗　　　　　　　　　　　多伦县

续图5-32　2002—2018年降水变化趋势检验结果

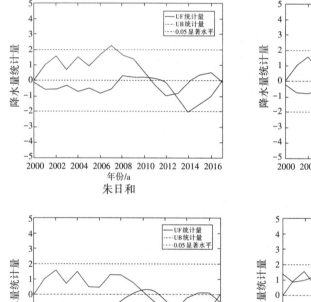

朱日和　　　　　　　　　　苏尼特左旗(东苏)

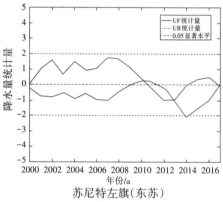

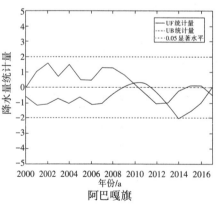

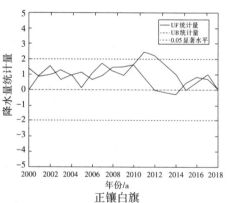

阿巴嘎旗　　　　　　　　　　正镶白旗

图5-33　2002—2018年气温变化趋势检验结果

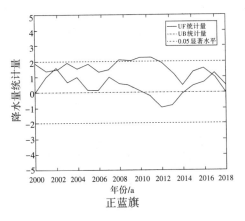
正蓝旗

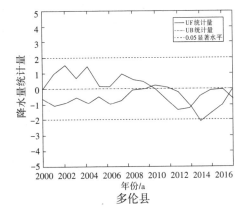
多伦县

续图5-33　2002—2018年气温变化趋势检验结果

表5-27　2006—2015年浑善达克沙地各个旗县降水、气温

降水/mm	2006	2009	2012	2015	平均
阿巴嘎旗	293.4	197.7	384.5	319	298.65
苏尼特左旗	160.8	219.2	272.1	181.2	208.325
朱日和	172.3	156.3	329.3	252	227.475
多伦县	409.1	247.6	372.3	429.8	364.7
正镶白旗	349.3	237.3	437.5	339.4	340.875
正蓝旗	472.8	207	448.8	458.6	396.8

气温/℃	2006	2009	2012	2015	平均
阿巴嘎	2.683333	2.616667	0.483333	3.241667	2.25625
苏尼特左旗	4.366667	4.133333	1.983333	4.983333	3.866667
朱日和	6.333333	5.958333	4.466667	6.383333	5.785417
多伦县	3.433333	3.3	1.858333	3.583333	3.04375
正镶白旗	3.616667	3.45	1.783333	4.625	3.36875
正蓝旗	3.291667	3.2	1.966667	3.85	3.077083

表5-28 2006—2017年浑善达克沙地平均降水、气温

年份	2000	2001	2002	2003	2004	2005	2006	2007	2008
年降水量/mm	267.75	199.05	249.28	366.32	309.13	200.92	309.62	227.28	310.37
气温/℃	2.79	3.90	4.17	3.13	4.21	3.12	3.95	4.61	3.78
年份	2009	2010	2011	2012	2013	2014	2015	2016	2017
年降水量/mm	210.85	295.33	194.33	374.08	308.53	267.85	330.00	302.37	104.08
气温/℃	3.78	3.48	2.98	2.09	3.63	4.87	4.44	3.98	-4.57

气象因素方面，对浑善达克沙地NPP变化特征的影响进行分析，主要考虑光能利用率模型中的气象因素中的气温与降水[57]，并对其变化趋势及显著性做验证[56]。浑善达克沙地选取了6个气象站点，自西向东所跨旗县分别为朱日和、苏尼特左旗（东苏）、阿巴嘎、正镶白旗、正蓝旗、多伦县。利用Mann-kendall法对近15年来浑善达克沙地的6个气象站点的年气温、降水平均值的变化趋势进行检验，结果见图5-34。图中显著性水平为$\alpha=0.05$，临界值为$U_{0.05}=\pm1.96$。近15年来6个气象站点年平均降水均UF值基本大于零，总体呈增长趋势变化，但没有超出临界值95%信度线，说明没有十分显著的变化，其中2002年UF与UB相交，出现降水转折点，表现为自2002年降水开始显著增加，因而2006—2018年12年间降水基本呈增长趋势。近15年来6个气象站点年平均气温变化较为显著，从UF、UB的交点分析，2010—2013年间出现转折下降趋势，而2010年前及2013年以后气温呈增长趋势显著，但都没有超过95%信度线，说明气温增高趋势不是十分显著。结合15年间NPP增长的变化趋势，得出降水与气温对其影响均很重要，但降水贡献更为突出。

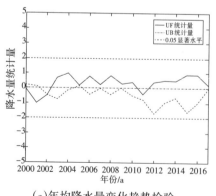

(a)年均降水量变化趋势检验

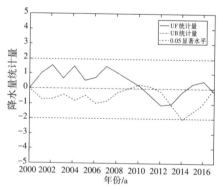

(b)年均气温变化趋势检验

图5-34 年均降水量、气温变化趋势Mann-kendall法检验

本研究基于MODIS数据，结合实地植被生物量干重数据转换为植被净初级生产力验证数据，建立NPP估算光谱模型，研究2006—2018年间浑善达克沙地植被NPP的时空分布特征及气候条件下各植被类型的NPP变化，反映浑善达克沙地陆表植被生长状况及区域生态环境沙地情况，得出以下结论：

（1）年际变化特征为NPP总量呈现出东高西低的分布特点，NPP总量最大值从200.3 gC/(cm²·a)到225.0 gC/(cm²·a)，呈现增长趋势，但近年略有所下降，增长趋势并不显著（$p=0.10$）；西北部变异系数较大，NPP波动较大。

（2）2006—2018年浑善达克沙地各类植被类型的单位面积NPP有逐年增加趋势，NPP贡献率主要受草原地带的沙地植被和丛生禾草、根茎禾草典型草原影响较大，约为30%～39%。

（3）15年间NPP与年平均降水量、平均气温的变化趋势检验分析结果表明，温度下降的几个年份中NPP总量相对较好，降水与NPP增长趋势基本一致，因而气候因素中降水对NPP贡献更为突出。

目前NPP估算模型中遥感光学模型主要是基于影像数据进行的大尺度地表观测，具有较大范围观测的优势，但近几年我国内蒙古高原干旱地区的沙地、草地及其过渡带的NPP变化研究较少，尤其是在内蒙古分布的典型沙地之一浑善达克沙地，同时对浑善达克沙地遥感估算NPP光学模型的研究更是缺少实测数据的校正与验证。本研究在2018年8月对浑善达克沙地进行了实地考察与植被生物量采样，结合MODIS数据产品，构建了适用于浑善达克沙地的NPP光谱模型，探究了近15年研究区NPP的变化情况，反映了研究区植被生长状况。通过实测生物量转为NPP数据验证，该模型NPP的反演精度大于70%，同时结合国家植被功能区划及前人研究成果做了不同植被类型的NPP分析，探讨了不同植被类型对NPP的贡献及变化情况，并结合气象因素中的气温与降水做变化趋势Mann-kendall检验。

然而在研究中也存在一些问题有待进一步完善：

（1）浑善达克沙地实地生物量采集过程中，部分只采集了地上生物量，对于地下生物量采用地上地下生物量为5.31∶1换算得出，后期应增加地下生物量的采集与验证。

（2）空间尺度误差也是遥感反演模型的普遍问题，实地植被采样为1m×1 m，影像数据空间分辨率为500 m，在构建NPP光谱模型中以点代面存在空间尺度差异，后续工作中可根据尺度变换的方法与精度做进一步探究。

参考文献

[1] 朱震达.中国沙漠化问题研究的现状与展望[J].地理学报,1984(1):650-659.

[2] 银山.内蒙古浑善达克沙地沙漠化动态研究[D].呼和浩特:内蒙古农业大学,2010.

[3] 丁国栋,赵廷宁,范建友,等.沙漠化评价指标体系研究现状述评[J].北京林业大学学报,2004,26(1):92-96.

[4] 李晓兵,陈云浩,张云霞.草地植被盖度的多尺度遥感与实地测量方法综述[J].地球科学进展,2003(1):85-93.

[5] SELLERS P J, LOS S O, TUCKER C J, et al. A revised land surface parameterization for atmospheric[J]. GCMs,1987(122):3-4.

[6] 李苗苗.植被覆盖度的遥感估算方法研究[D].北京:中国科学院研究生院(遥感应用研究所),2003.

[7] 包刚,覃志豪,包玉海,等.1982—2006年蒙古高原植被覆盖时空变化分析[J].中国沙漠,2013,33(3):918-927.

[8] 韩佶兴.2000—2011年东北亚地区植被覆盖度变化研究[D].长春:中国科学院研究生院(东北地理与农业生态研究所),2012.

[9] 元志辉,包刚,银山,等.2000—2014年浑善达克沙地植被覆盖变化研究[J].草业学报,2016,25(1):33-46.

[10] 陈艳梅,高吉喜,刁兆岩,等.呼伦贝尔草原植被覆盖度估算的光谱模型[J].中国环境科学,2010,30(9):137-142.

[11] 姬翠翠,贾永红,李晓松,等.线性/非线性光谱混合模型估算白刺灌丛植被覆盖度[J].遥感学报,2016,20(6):1402-1412.

[12] 白美兰,郝润全,邸瑞琦,等.气候变化对浑善达克沙地沙漠化影响的评估[J].气候与环境研究,2006(2):215-210.

[13] 朱蕾,徐俊锋,黄敬峰,等.作物植被覆盖度的高光谱遥感估算模型[J].光谱学与光谱分析,2008(8):133-137.

[14] 陈晋,何春阳,史培军.基于土地覆盖分类的植被覆盖率估算亚像元模型与应用[J].遥感学报,2007(6):416-422.

[15] 阳小琼,朱文泉,潘耀忠,等.基于修正的亚像元模型的植被覆盖度估算[J].应用生态学报,2011(8):226-230.

[16] 王一谋,祁元,颜长珍.中国1:10万沙漠(沙地)分布数据集[DS].国家

冰川冻土沙漠科学数据中心,2005.

[17] XIAO Z,LIANG S,WANG J,et al. Real-time retrieval of Leaf Area Index from MODIS time series data[J]. Remote Sensing of Environment,2011,115(1): 97-106.

[18] XIJIA L I,XIAO Z,WANG J,et al. Dual Ensemble Kalman Filter assimilation method for estimating time series LAI[J]. Journal of Remote Sensing, 2014,18(1):27-44.

[19]靳华安,王锦地,肖志强,等.遥感反演时间序列叶面积指数的集合卡尔曼平滑算法[J].光谱学与光谱分析,2011,31(9):2485-2490.

[20] MUTANGA O,SKIDMORE A K. Narrow band vegetation indices overcome the saturation problem in biomass estimation[J]. International Journal of Remote Sensing,2004,25(19):3999-4014.

[21]李铮,柏延臣,何亚倩.遥感叶面积指数产品提取自然植被物候期对比[J].遥感技术与应用,2015,30(6):1103-1112.

[22] GOBRON N,PINTY B,AUSSEDAT O,et al. Evaluation of fraction of absorbed photosynthetically active radiation products for different canopy radiation transfer regimes: Methodology and results using Joint Research Center products derived from SeaWiFS against ground-based estimations[J]. Journal of Geophysical Research Atmospheres,2006,111(D13):110.

[23] CLEVERS J G P W. A simplified model for yield prediction based on optical remote sensing data[J]. Remote Sensing of Environment,1997,61(2):221-228.

[24] ROSSI S,WEISSTEINER C,LAGUARDIA G,et al. Potential of MERIS fAPAR for drought detection[A]. Proc of the znd MERIS,2008(12):22-26.

[25] COOK B D,BOLSTAD P V,NAE SSET E,et al. Using LiDAR and quickbird data to model plant production and quantify uncertainties associated with wetland detection and land cover generalizations[J]. Remote Sensing of Environment, 2009,113(11):2366-2379.

[26] GOBRON N,PINTY B,MéLIN F,et al. Evaluation of the MERIS/ENVISAT [J]. FAPAR product,2067,39(1):105-15.

[27]李刚.呼伦贝尔温带草地FPAR/LAI遥感估算方法研究[D].北京:中国农业科学院,2009.

[28]高彦华.FPAR遥感模型与NPP估算研究[D].北京:中国科学院遥感应用研究所,2007.

[29]陈良富,高彦华,李丽,等.基于MODIS晴空数据的森林日净第一性生产力估算[J].中国科学(D辑:地球科学),2007(11):1515-1521.

[30]董泰锋,蒙继华,吴炳方.基于遥感的光合有效辐射吸收比率(FPAR)估算方法综述[J].生态学报,2012(22):277-88.

[31]朱文泉,潘耀忠,张锦水.中国陆地植被净初级生产力遥感估算[J].植物生态学报,2007,31(3):413-424.

[32]李晓宇.基于遥感地面试验的FPAR反演与验证[D].呼和浩特:内蒙古师范大学,2015.

[33]MONTEITH J L. Solar Radiation and Productivity in Tropical Ecosystems [J]. Japplecol,1972,9(3):747-66.

[34]RUNNING S W, THORNTON P E, NEMANI R, et al. Global Terrestrial Gross and Net Primary Productivity from the Earth Observing System [J]. Global Change Biology,2011(3):44-57.

[35]朱文泉,潘耀忠,龙中华,等.基于GIS和RS的区域陆地植被NPP估算——以中国内蒙古为例[J].遥感学报2005,9(3):77-84.

[36]朱文泉.中国陆地生态系统植被净初级生产力遥感估算及其与气候变化关系的研究[D].北京:北京师范大学,2005.

[37]罗天祥,李文华,冷允法,等.青藏高原自然植被总生物量的估算与净初级生产量的潜在分布[J].地理研究,1998,17(4):337-345.

[38]张镱锂,祁威,周才平,等.青藏高原高寒草地净初级生产力(NPP)时空分异(英文)[J]. Journal of Geographical Sciences,2014,68(2):1197-1211.

[39]包刚.基于MODIS数据的内蒙古陆地植被净第一性生产力遥感估算研究[D].呼和浩特:内蒙古师范大学,2009.

[40]张继平,刘春兰,郝海广,等.基于MODIS GPP/NPP数据的三江源地区草地生态系统碳储量及碳汇量时空变化研究[J].生态环境学报,2015(1):8-13.

[41]郭连发,银山,王艳琦,等.基于MODIS17A3的呼伦贝尔沙地植被NPP时空格局变化分析[J].曲阜师范大学学报(自然科学版),2017,43(4):110-113.

[42]SELLERS P J. Canopy reflectance, photosynthesis and transpiration [J]. International Journal of Remote Sensing,1992,6(8):1335-1372.

[43]PRINCE S D, GOWARD S N. Global primary production:a remote sensing approach[J]. Journal of Biogeography,1995,22(4/5):815-835.

[44]CHRISTOPHER B, FIELD J T R, CAROLYN M, et al. Global net primary production: Combining ecology and remote sensing [J]. Remote Sensing of

Environment,1995,51(1):74-88.

[45] LIANG W, NIU K C, YUANHE Y, et al. Patterns of above- and belowground biomass allocation in China's grasslands:Evidence from individual-level observations[J]. Science China Life Sciences,2010,053(7):851-857.

[46] 王莺,夏文韬,梁天刚,等.基于MODIS植被指数的甘南草地净初级生产力时空变化研究[J].草业学报,2010(1):203-212.

[47] PRINCE S D, GOWARD S N. Global Primary Production:A Remote Sensing Approach[J]. Journal of Biogeography,1995,22(4/5):815-835.

[48] 董满宇,吴正方.近50年来吉林省气温和降水变化趋势分析[J].东北师大学报(自然科学版),2007(3):114-119.

[49] SELLERS P J. Canopy reflectance, photosynthesis and transpiration[J]. International Journal of Remote Sensing,1985,6(8):1335-1372.

[50] RAN Y H, LI X, LU L, et al. Large-scale land cover mapping with the integration of multi-source information based on the Dempster-Shafer theory[J]. International Journal of Geographical Information Science,2012,26(1):169-191.

[51]牛建明.内蒙古主要植被类型与气候因子关系的研究[J].应用生态学报,2000(1):48-53.

[52]冉有华,李新,卢玲.基于多源数据融合方法的中国1 km土地覆盖分类制图[J].地球科学进展2000(2):86-97.

[53]白美兰,郝润全,邸瑞琦,等.气候变化对浑善达克沙地沙漠化影响的评估[J].气候与环境研究,2020(2):85-90.

[54]李春兰,朝鲁门,包玉海,等.21世纪初期气候波动下浑善达克沙地沙漠化动态变化分析[J].干旱区地理,2015,38(3):556-564.

第六章　浑善达克沙地沙漠化的
成因及驱动机制

　　土地沙漠化的成因既有自然因素，又有人为因素。从自然条件来看，浑善达克沙地属于温带半干旱地区的干草原与荒漠草原地带，气候干旱少雨，自晚第三纪以来，浑善达克沙地的自然环境就脆弱多变，生态系统脆弱不稳定，在季风变迁的影响下，浑善达克沙地经历了森林、草原到荒漠的变迁，以及面积扩展收缩、沙丘固定活化的过程。浑善达克沙地土地沙漠化成因的人为因素主要从20世纪中期开始突显，主要是农牧业过度利用、过度樵采等不合理的人为活动，造成植被破坏、流沙增加，进而危害农牧业生产，加重生态系统失衡。

　　本章利用1982年、1992年、2002年、2011年、2017年的浑善达克沙地5期Landsat TM和Landsat OLI遥感影像提取的沙漠化遥感监测数据，1956—2016年浑善达克沙地气温、降水、风速等气象观测资料，1986—2016年浑善达克沙地人口数、耕地面积、牲畜头数等社会经济数据等资料，对浑善达克沙地沙漠化成因的自然因素、人为因素和驱动机制进行分析。

1　浑善达克沙地沙漠化的自然因素

1.1　地质地貌与沙漠（沙地）的形成

　　气候变化并不是控制我国沙漠、沙地演变的唯一因素。我国沙漠、沙地主要分布在内陆盆地和高原上。处于盆地中的塔克拉玛干沙漠、库姆塔格沙漠和巴丹吉林沙漠等，即使在末次盛冰期（Last Glacial Maximum，LGM）的极端干旱时期，由于受到周边山系的控制，沙漠面积也难以显著扩大，砂质沉积难以延伸，并未超过现代沙漠边缘到达更远的地方。除山系外，河流也控制风沙地貌发育的活动性，限制沙漠的空间发展。干旱荒漠盆地拥有众多的河流，对风沙地貌发育和沙漠塑造发挥重要的作用，位于鄂尔多斯高平原的库布齐沙漠三面被黄河包围，其空间分布格局被黄河限定，无法越过黄河向外扩展。和田河则抑制了塔克拉玛干沙漠风沙地貌向高大复合沙山发育的速度，并使河流附近的沙丘的活动性发生变化。

浑善达克沙地是蒙古地槽古生代褶皱带的一部分，属于地堑式凹陷带。晚古生代海西运动时上升为陆地，经历长期的剥蚀夷平作用；中生代燕山运动以来，经历了缓和的振荡式构造运动，形成了宽浅盆地；第三纪早期，沙地区域沉降为巨大的内陆湖盆，堆积了100～200 m的第三纪湖相沉积，为沙地形成提供了物质基础；第三纪晚期构造抬升，形成高平原地貌，浑善达克沙地形成。第四纪冰期青藏高原隆起，在东亚季风变迁的影响下，浑善达克沙地出现了一系列的扩张、收缩过程。

1.2　古气候演变与沙漠化过程

历史时期的气候变化，尤其是干湿变化是导致沙漠（沙地）演化的主要因素，历史时期的气候波动决定着沙漠（沙地）动态演变的基本方向和进程。气候变化影响沙漠面积的扩张与收缩以及沙丘的固定与活化，这种影响主要表现在时间和空间尺度上。关于沙漠空间变化的研究已有30多年历史[1]（Sarnthein，1978），主要通过野外考察，即沙丘地层鉴别以及沉积样品的采集，并对这些沉积物进行光释光年代和环境替代性指标测试[2-4]（Wintle，1997；Aitken，1998；Lian，2001）；或者是依据古气候记录来推测沙漠面积演化，基本上冷干气候驱动沙漠、沙地流沙分布面积的扩大。如LGM时期、新仙女木时期（Younger Dryas，YD）、8.2 ka BP干冷时期和小冰期等对应沙丘活化、沙漠扩展。反之，在气候湿润时期，水循环增强、降水增多使得沙漠、沙地植被发育、土壤形成，活动沙丘面积缩小、沙漠萎缩，全新世大暖期（Holocene Optimum，HO）就是很好的例子[1, 5]（Sarnthein，1978；鹿化煜，2013）。

晚第四纪以来，全球沙漠都经历了剧烈的气候变化和频繁的风沙活动过程[6]（Tchakerian，2009）。北非撒哈拉—撒赫勒地区，在20—12 ka BP的LGM时期沙丘活动强盛[1]（Sarnthein，1978）；11—5 ka BP阶段表现为：环境湿润、高湖面发育、植被覆盖增加和风沙活动退化[7]（Williams，1982）；5 ka以来副热带高压带到达当代位置，气候变得干旱，于2 ka BP以撒哈拉为中心的极度干旱区形成，导致固定沙丘再次活化，植被减少引起放牧、耕作问题，加大了该区的人口压力。北非地理位置及其气候特征决定撒哈拉沙漠与其他区域流动沙丘的主要发育时期存在差异，大体上还是同步的[8, 9]（Tchakerian，1999；Lancaster，2007）。北美干旱区沙漠，除中全新风沙沉积事件形成的大平原的内布拉斯加沙漠外，演变存在高度的时空不连续性，成因上也与受半球气候变化影响的撒哈拉沙漠不同，它是由物源供给和输送能力决定的[10]（Kocurek，1998），尽管如此，25—7 ka BP仍然是该区发生风沙活动的集中时段[11]（Lancaster，2003）。澳大利亚40%的荒漠地表被沙丘覆盖，辛普森沙漠在33—9 ka沙丘发育[12, 13]（Nanson，1995； Twidale，2001），其中20—16 ka BP是鼎盛时期[14]（Wasson，1984），LGM时期的干冷削弱了澳大利亚夏季风，艾尔湖彻底干涸，风沙活动剧烈；随着澳大利亚夏季风的慢慢增强，13 ka BP之后风沙活动和沙丘建造活动减弱。

中国沙漠、沙地在LGM和HO时期空间分布的变化体现了沙漠景观对气候变化的直接响应。在LGM时期，由于大气环流调整、海陆水汽循环减弱以及海平面下降导致的我国北方和西北地区万年到十万年的轨道时间尺度上气候变干、风力增强等[15]（Clark，2009），使得沙漠和沙地面积相对于现代面积，分别有10%～2.7倍的扩大；在HO时期，中国北方沙地流动沙丘收缩近100%，而沙漠面积收缩了5%～20%[5]（鹿化煜等，2013），中国北方各沙地的全新世气候适宜期并不相同，总体看来，气候适宜期在东部沙地开始的时间更早，结束的时间也较西部更晚[16]（Yang, 2004）。

从前人地层特征鉴别、沉积物粒度、年代测试的结果来看，浑善达克沙地至少形成于晚第三纪。浑善达克沙地的自然环境脆弱多变，第四纪以来，受东亚季风演变的影响，经历了温湿的森林草原（褐色土壤）、冷干的半干旱干草原（黑色古土壤）、干旱荒漠（风成沙/砂黄土）的环境变化，并伴随着沙地的扩张、萎缩和沙丘的固定、活化过程[17]（李孝泽，1998）。周亚利等（2005）利用光释光测年技术（Optically Stimulated Luminescence，OSL）对浑善达克沙地东南边缘的2个沉积剖面进行了年代测试，结合地层特征，获得了晚第四纪（近10 ka BP以来）该区沙丘固定、半固定及活化发生的年代，浑善达克沙地沙丘活化事件发生早全新世8.74—8.72 ka BP、7.79 ka BP前后；沙丘相对固定时段为5.69 ka BP、4.25 ka BP、2.75 ka BP、1.53 ka BP和0.71 ka BP前后；0.15 ka BP以来沙丘呈半固定状态[18]。晚第四纪千年至百年尺度的气候变化可能是浑善达克沙地沙丘活化与固定的主导因素。

1.3　现代气候变化与沙漠化过程

沙漠是干旱气候的产物，联合国环境规划署（United Nations Environment Programme，UNEP）根据1951—1980年全球气温、降水和日照时数的月数据，计算潜在蒸散量和干旱指数（降水与潜在蒸散量的比值），并根据干旱指数的范围< 0.05、0.05～0.2、0.2～0.5、0.5～0.65，划分了极度干旱、干旱、半干旱和半湿润4个干旱等级，绘制了世界荒漠图，且4种干旱土地分别占全球陆地面积的7.5%、12.1%、17.7%和9.9%[19]（UNEP，1997）。按照联合国环境规划署的干旱等级划分，1956—2017年浑善达克沙地平均降水量为293.8 mm（190.0～381.9 mm），多年潜在蒸散量为778.01 mm（679.5～1009.3 mm），干旱指数为0.4（0.2～0.66），除多伦县外，干旱等级自西向东由干旱向半干旱级别过渡。

气候干燥多风是沙漠形成的必要条件，其对沙漠盛衰变化和沙漠化正逆过程有着重大影响。虽然没有证据能够说明植被覆盖度具体低于某个值时，沙丘表面风沙才开始运动，但是基于不同植被覆盖水平发生不同程度的表面过程的原理，可以认为14%的植被覆盖度为显著抑制沙丘表面风沙运动的临界值。植被生长受降雨影响，视50 mm的年降水量为沙丘植被生存的最小临界值[20]（Tsoar，2002），Siegal等（2013）分析Negev沙漠1986—2009年降水与植被覆盖关系，得到当年降水量为52 mm（接近最小临界值）时，Negev沙漠植被覆盖度为零[21]。在<370 mm的范围内，降水增加，植被覆盖呈相应上升趋势，当降水超过400 mm后，其对植被覆盖无明显作用[22]（Pye，2008）。Hesse和Simpson（2006）认为快速降水事件会直接导致短生植被和结皮的发育[23]，库布齐沙漠2012年7月的158 mm月降水事件使得该区域植被大量发育，沙漠南缘部分沙丘被固定[24]（Liu，2016）。在这个过程中，风的作用也不容忽视，风沙活动、沙丘发育和沙漠的形成均有赖于风的作用，巴西东北部年降水量达2 m，但风力较强，沙丘呈流动状态[25]（Yizhaq，2009）。Negev沙漠西北部的以色列输沙势（Drift potential，DP）小于100 VU（vector unit），虽然每年降水量只有70～170 mm，但植被发育，区域沙丘呈固定状态[26]（吴正，2003），所以风力是影响植被生长的最关键因素。Tsoar（2005）用DP代表风力作为沙丘植被发育的决定因素，对降水≥50 mm的全球43个沙丘的植被覆盖与DP关系进行了统计，以500 DP为界，大于该值（除风向变率小于0.2）的环境均对应流动无植被覆盖沙丘，小于该值且风向变率大于0.2的均为固定的植被覆盖沙丘，以解释风力作用下湿润环境出现沙丘流动，干燥环境发育固定沙丘的现象[27]。季风的强弱与进退直接关系沙地范围的扩张与萎缩，如西南夏季风作用巴基斯坦南部和印

度西部的塔尔沙漠，决定了该沙漠的独特的耙状抛物线形沙丘形态及分布特征[28]（Kar，1993），东亚季风对我国东部各沙漠（沙地）沙丘的形成和运动有重要影响。近百年来，尤其是20世纪50年代以来，我国干旱半干旱和半湿润地区的气候呈明显暖干化趋势[29]（陈隆勋等，1998），导致地表植被覆盖减少，沙漠化土地面积日益增加，发展速度不断递增，严重地制约了社会-经济-生态的可持续发展[30]（刘冰等，2013）。虽然我国各地区气候变化的方向和程度不同，各地沙漠演化程度也存在一定地域差异，但浑善达克沙地等处于干旱半干旱及半湿润地区的沙地是沙漠化最集中且发展最快的地区[26]（吴正，2003）。

浑善达克沙地气候干旱，降水稀少，对研究区苏尼特右旗、苏尼特左旗、阿巴嘎旗、多伦县、正镶白旗、正蓝旗6个气象站近61年的年降水量统计结果表明，研究区年降水量在91.0～675.9 mm之间，平均为293.8 mm，绝大多数年份的降水量都在400 mm以下、200 mm以上，各气象站年降水量大于400 mm和小于200 mm的年份分别出现了0、0、2、24、20、19次和16、25、34、0、0、0次（气象站排序如上），有明显的内部差异。2017年研究区各旗县极重度沙漠化土地分别有1869.31 km²、277.4 km²、109.81 km²、0.03 km²、18.77 km²、5.32 km²（旗县排序如上），沙漠化程度的强弱与降水分布多寡一致，降水量自东向西递减，荒漠化的发展程度也整体上表现为西部严重于东部。1956—2016年间，研究区气候呈现暖干化趋势，年均气温波动上升（速率约为0.4 ℃/10 a），尤其是近35年上升较快，平均每10 a上升0.49 ℃，研究区年降水量总体呈下降趋势，21世纪初期年均降水量比20世纪50年代末少60 mm左右。且沙地西部暖干化趋势较东部严重，研究区的区域性沙漠化程度与气候暖干化的区域特征一致，说明不同区域气候变化程度不同，荒漠化的发展程度也存在一定区域差异。

1982—1992年，研究区降水量增加了17.5 mm，气温上升了0.9 ℃，气候呈暖湿化趋势。环境有利于植被生长，该阶段研究区沙漠化程度却更严重了。沙漠化土地面积增加了1%（376.56 km²），极重度沙漠化土地面积与中度沙漠化土地面积分别增加了77.4%（2004.17 km²）和10.6%（808.12 km²），可知，该阶段气候变化并不是造成研究区沙漠化土地扩展的原因。1992—2002年，研究区降水量下降了89.3 mm，气温增高了1.65 ℃，伴随气候的暖干化，研究区沙漠化程度加剧，沙漠化土地面积增加了2.5%（934.61 km²），极重度沙漠化土地面积与中度沙漠化土地面积分别增加了32.8%（1508.66 km²）和52.4%（4405.08 km²）。2002—2011年，研究区降水量下降了82.4 mm，气温下降了0.5 ℃，环境趋于冷干化，不利于植被发育。研究区沙漠化程度却出现逆转，沙漠化土地面积降至1982年水平以下，下降了5.5%，极重度沙漠化土地面积与重度沙漠化土地面积分别减少了41.8%（2552.06 km²）和22.5%（2557.06 km²），在气候冷干时段研究区沙漠化土地面积减少，说明该时段研究区的沙漠化逆转主要是人为因素导致的。2011—2016年，研究区降水量增加了62.9 mm，气温升高了2.3 ℃，该时段是监测时段内第二个气候暖湿化阶段，在气候明显好转的情况下，研究区沙漠化程度逐渐减弱，沙漠化土地面积减少了0.5%（165.86 km²），极重度沙漠化土地面积和重度沙漠化土地面积分别减少35.7%（1267.49 km²）和7.7%（672.94 km²）。近35年浑善达克沙地气候虽有波动，但总体呈暖干化趋势，然而研究区沙漠化程度却并未持续加剧，而是先扩展（1982—2002年）后萎缩（2002—2017年）。说明近35年的浑善达克沙地沙漠化过程，不仅受自然因素控制，还深受人类活动等因素的影响。

1.4　沙源与沙漠（沙地）的形成及发展

干旱少雨是沙漠形成的必要条件，但并不是有干旱气候就能形成沙漠，沙漠的形成，除了气候条件外，还需要丰富的沙物质来源，大型湖泊以及河流可为沙漠及其地貌的发育提供丰富的物质基础。浑善达克沙地河流不发育，且多为季节性内流河。发源于沙漠内部的河流主要依赖于大气降水补给，年际和季节变化差异明显，通常大部分都是干河道，干旱地区河流的季节变化及河流的摆动是风成相与河流相交替沉积特征的基础，它为沙漠地貌发育提供了大量的碎屑物质。暂时性河流比常年河流的侵蚀营力更加有效，因为其泥沙供应不受限制，降雨时空不均和传输损耗变化很大。

沙源与古地理环境密切相关，如巨大的内陆山间盆地，干燥的剥蚀高原以及大型河流湖泊等可成为沙漠及其地貌发育的物质基础。塔里木盆地有塔克拉玛干沙漠、准噶尔盆地有古尔班通古特沙漠，这些山间盆地的地面组成物质主要是大型河流湖泊发育留下的深厚沙质沉积物，古尔班通古特沙漠局部沉积物厚度可达200~400 m（朱震达，1980）[31]。西辽河冲积平原的第四纪沉积物厚度可达130 m，为科尔沁沙地的形成提供了丰富的沙物质来源。第三纪早期，浑善达克沙地区域发生沉降，成为巨大的内陆湖盆，堆积了100~200 m的第三纪湖相沉积，这些深厚疏松的沉积物，在干旱多风的气候条件下，成为浑善达克沙地发育的物质来源。

2　浑善达克沙地沙漠化的人为因素

历史时期的浑善达克沙地曾是水草丰美、沙地稳定的良好放牧基地，直至

20世纪40年代，研究区地貌类型仍然基本属于固定、半固定沙丘，流动沙丘不到2%（朱震达，1980）[31]，到20世纪80年代中期，流动、半流动沙丘面积已超过10%，浑善达克沙地脆弱的生态环境遭到破坏，直至21世纪初期研究区沙漠化过程才出现逆转。近35年，浑善达克沙地在人为因素的影响下，经历了沙地扩张、萎缩和沙丘活化、固定的过程。其中，人口增加压力下的过度放牧、开垦等不合理的土地资源开发利用活动，导致研究区植被破坏、土地沙漠化扩展。控制沙地人口、载畜量，改善经营管理，退耕还林、加强生态环境保护，治理风沙等人类活动促进了研究区沙漠化土地面积的萎缩。

2.1 人口增长

研究区2016年总人口约为32万人，近30年来研究区总人口总体呈上升趋势，平均每10年增长约1万人，1986—2016年研究区总人口增长了12%左右，其中2000—2005年间出现两次短暂的下降过程，2006年便恢复到了2000年下降前的水平（图6-1）。研究区人口不断增加，为了生存，牧垦、樵采等生产和生活活动强度明显增加，生态环境进一步被破坏。2016年研究区乡村人口约为22万人，近30年研究区乡村人口总体呈下降趋势，虽然自1998年的急剧下降后，研究区乡村人口呈波动上升的趋势，但2016年的乡村人口数明显低于统计初期的水平，且各旗县乡村人口的年际变化趋势大体相同。研究区人口变化趋势大体与土地沙漠化进程一致，尤其是乡村人口，这里将研究时段分两个阶段——20世纪末期（1982—2002年）和21世纪初期（2002—2017年），20世纪末期研究区沙漠化土地面积和乡村人口均表现为迅猛扩展；21世纪初期乡村人口虽呈波动上升趋势但数量已远低于前期水平，同期研究区沙漠化进程大幅度逆转。

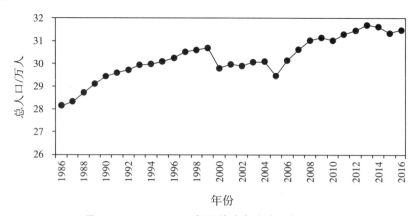

图6-1 1986—2016年浑善达克沙地总人口变化

研究区乡村人口的分布东西差异明显（表6-1），沙地东南部4旗县（正蓝旗、正镶白旗、多伦县和克什克腾旗）的乡村人口占总乡村人口的92%，沙地西部（苏尼特左旗、苏尼特右旗）及东北部（阿巴嘎旗）3旗的乡村人口只占总乡村人口数的不足8%。研究区西北3旗的生产经营方式主要为牧业，随着人口的增加，过度放牧等人为干扰对沙区生态环境的影响越来越强。研究区东南部4旗县乡村人口对耕地的依赖性要高于西北部3旗，随着社会的发展、科技的进步，其过度樵垦等生产活动对研究区自然环境产生的作用越发明显。当然，也不乏植树造林、封沙育草等对自然环境产生正面影响的人类活动。总之，近几十年来人类活动很大程度影响了研究区的沙漠化进程。

表6-1 浑善达克沙地人口变化

地点	总人口/万人			乡村人口/万人		
	1986	1996	2016	1986	1996	2016
阿巴嘎旗	0.76	0.81	0.89	—	0.51	0.47
苏尼特左旗	0.50	0.55	0.61	—	0.34	0.36
苏尼特右旗	1.71	1.84	1.87	—	1.01	0.86
正蓝旗	6.91	7.47	7.95	—	6.15	5.44
正镶白旗	4.67	4.81	4.83	—	4.07	3.76
多伦县	6.7	7.23	7.79	—	5.72	5.13
克什克腾旗	6.9	7.55	7.56	—	5.79	5.78
汇总	28.15	30.26	31.5	—	23.59	21.8

2.2 土地资源的不合理利用

随着人口的增加、社会的发展以及生产活动强度的增加，人类对沙地生态环境的干扰越来越强，形成了干旱、半干旱区脆弱生态环境与人类高强度生产活动的尖锐矛盾，滥垦乱伐、过度放牧等不合理的土地资源利用造成了沙漠化土地面积的扩展。

（1）滥垦引起的土地沙漠化

由于人口压力增大，我国对干旱、半干旱地区土地的开垦极为普遍。在开垦土地时，有大部分是具有潜在沙漠化隐患的不宜开垦土地，特别是沙质土地，开垦对天然植被与土壤结构造成的破坏，会极大程度地降低地表的抗侵蚀能力，导致近地表风沙活动加剧，引起土地沙漠化。沙质土地肥力低、生产力弱，加之耕作方式落后，往往广种薄收。开垦的土地缺乏保护，或产生大量弃田，在干旱气候条件下，风沙活动加剧，成为大面积沙漠化土地。生长天然植物的草地对近地面风速的降低、气流方向的改变、地表沉积物质的保护远高于开垦土地。风洞实验结果表明，在同等风力作用下，翻耕土壤的风蚀模数可以达到未翻耕土壤的10倍以上[26]（吴正，2003）。中国科学院地学部（2000）对黑龙江、内蒙古、甘肃、新疆等53个县级地区，1986—1996年开垦土地的调查结果显示，10年间上述地区开垦林草地面积为$1.74 \times 10^4 \ km^2$，撂荒面积达50%，形成了大面积的沙漠化土地[32]。20世纪80年代初期国家推行土地联产承包责任制以来，浑善达克沙地开垦耕地的面积快速增加，至1997年达到最高（$1160.74 \ km^2$），耕地面积约为1986年的1.5倍。2000年国家推行退耕还林政策，之后的数年里浑善达克沙地的耕地面积不断减少，至2016年部分旗县的耕地面积几乎恢复至1986年的水平，产生了大面积的撂荒地（表6-2）。在人类活动影响下，浑善达克沙地风沙-植被过程发生了明显变化，滥垦使得草场退化，引起了大面积的土地沙漠化。

表6-2　浑善达克沙地耕地变化

地点	耕地面积/km²			人均耕地面积/亩		
	1986	1996	2016	1986	1997	2016
阿巴嘎旗	1.47	1.64	1.31	—	0.48	0.46
苏尼特左旗	—	0.14	1.61	—	0.06	0.73
苏尼特右旗	2.44	1.43	1.03	—	0.21	0.18
正蓝旗	147.65	185.04	175.64	—	4.51	5.01
正镶白旗	97.02	139.06	112.39	—	5.13	4.52
多伦县	349.57	554.87	381.31	—	14.55	11.19
克什克腾旗	188.86	236.39	209.20	—	6.12	5.31
汇总	787.01	1118.57	880.43		7.11	6.11

（2）樵采破坏天然植被导致的土地沙漠化

植被通过增加地表粗糙度、抑制风营力[33]（Brown，1997）、保护地表沉积物免受风蚀[34]（Wolfe，1993）、截获气流中的沙物质[35]（Fearnehough，1998）、改变近地表气流方向[36]（Lancaster，1998）等方式保持水土、防风固沙。具有一定覆盖度的植被是防治沙漠化的根本保证，也是维系干旱、半干旱地区生态系统稳定的重要组成部分。浑善达克沙地植被低矮稀疏，固定、半固定沙丘地区植被覆盖度在10%~60%之间，流沙地区植被覆盖度不足10%，天然生态系统比较脆弱。除沙地东部固定沙丘上散生乔木外，绝大部分植被都是草本植物和灌木，其中，多年生灌木是当地防风固沙的主要屏障，也是樵柴的主要对象。樵（柴）采（发菜等）活动破坏地表植被造成的土地沙漠化发展较快，沙质地表裸露在风力作用下，可直接导致流沙出现。据估算，一户五口之家一年燃料消耗进行的樵柴，能破坏3~4亩固定沙丘[37]（朱震达，1981）。农牧民往往以居住地就近进行樵柴，所以造成的流沙多以居民地为中心向周边扩展。浑善达克沙地居民地、农场以及放牧点井泉附近极重度沙漠化显著，流沙呈斑点状分布于沙地间。

（3）过度放牧等人为干扰造成的土地沙漠化

浑善达克沙地属于半干旱干草原与干旱荒漠草原自然带，原生生态系统以草原生态系统为主，是内蒙古优良的牧场，研究区以畜牧业为主要的生产经营方式。人类对草原的管理主要有围封、割草和放牧等干扰类型。有人类历史以来，放牧（Grazing）就是对草地的一种重要人为干扰，放牧不仅可以直接改变草地的形态特征，而且可以改变草地的生产力和草种结构[38]（Hobbs，1991）。美国西部70%的土地面积的利用方式是放牧，Fleischner（2010）认为，这种几乎无处不在的土地利用形式的生态代价是巨大的，包括生物多样性的丧失、种群密度的降低、生态系统的破坏（包括养分循环过程的破坏）、影响生态系统的演变过程、影响水陆栖息地的物理特性。而且，畜牧点通常聚集在河岸，这里是干旱、半干旱地区生物多样性最丰富的生境，放牧的生态代价在这些地区更高[39]。

过度放牧是导致干旱半干旱及半湿润地区沙质草地沙漠化的重要原因。风洞实验结果表明，重度践踏与啃食强度下的风蚀量是轻度强度下的近20倍[26]（吴正，2003）。由于过度放牧，浑善达克沙地脆弱的生态环境遭到极大破坏，沙地景观、沙地植被的特征、沙地植被的生产力以及沙地表面沉积物粒度特征均受到了不同程度的影响。过度放牧对沉积物粒度特征的影响具体表现为，随着放牧强度的增强，沙丘及丘间地的沉积物粒径变大，黏土等粒径较小的沉积物含量降低，粒径较大的沙质沉积物含量增加[40]（红梅等，2004）。放牧与割草影响草地生态系统的碳循环过程，放牧可增加植物对可利用性氮的获取，割草影响植物光合作用，会减少植物对可利用性氮的利用[41]（庞蕊，2017）。对内蒙古典型草原围封和放牧的长期观测发现，围封可增加地上生物量、提高0~40 cm土层土壤有机质含量，相对于放牧增加植物种类[42]（翟夏杰等，2015）。

（4）人为因素与研究区沙漠化过程

1986—1992年间，浑善达克地区总人口数不断上升，随着人口的增加，研究区燃料消耗增加，畜牧业迅速发展，牲畜数量约增加了18%。尽管该时段研究区气候相对暖湿，气温和降水量均有明显上升，沙漠化程度却呈加强趋势，可知本阶段的研究区土地沙漠化主要是人类过度放牧、樵采等不合理活动造成的。1992—2002年间，研究区沙漠化土地面积明显增加，同期叶笃正和丑纪范（2000）、丁国栋（2002）也监测到了由于人为不合理的土地资源利用，特别是过度放牧，导致的浑善达克沙地植被破坏、草地面积减少、流沙面积增加、风沙过程加剧的土地沙漠化扩展现象[43-44]。1992—1999年间，研究区耕地面积增加了60%，牲畜头数增加了13.8%，说明研究区滥垦、过度放牧现象比较严重。加之该时段气候暖干化，在人为因素与气候因素的共同作用下，研究区沙漠化程度进一步加重。2002—2011年间，研究区沙漠化程度明显逆转。虽然本时段研究区气温下降、降水减少，气候条件相对冷干，但在退牧还草、围封禁牧、舍饲圈养等政策实施的影响下，研究区牲畜数量持续下降，十年间下降了约30%。可知人为因素是该时段研究区沙漠化逆转的主要原因。2011—2016年间，研究区气温和降水都有增长，是相对暖湿时段。本时段研究区乡村人口和牲畜数量呈大体平稳略有增加的趋势，乡村人口平均每年约增加0.2万人，牲畜平均每年约增加5.2万头，但研究区牲畜总量远低于当地2000年前的平均水平，不足当时的70%。可见，本时段研究区风沙活动减弱、沙漠化土地面积减少，是自然因素和人为因素共同作用导致的。

综上所述，近35年浑善达克沙地的演化过程是自然过程和人为过程彼此叠加并相互反馈的结果，究其原因，研究区土地沙漠化面积扩展（1982—2002年间），固然与当地脆弱的生态环境有关，但人为过度干扰，特别是过度放牧，才是导致浑善达克沙地沙漠化的重要原因。研究区沙漠化程度减弱（2002—2017年间），则主要与国家推行退耕还林还草、退牧还草、围封禁牧、舍饲圈养等相关政策有关。

3 浑善达克沙地沙漠化的驱动机制

3.1 驱动因子的选择

浑善达克沙地沙漠化是自然和人为多个因素共同作用下造成的。自然因素里选择年平均气温、年降水量、年平均风速、年蒸散量等4个气候影响因子，人为因素选择总人口、乡村人口、耕地面积、载畜量、地区生产总值及第一产业生产总值、第二产业生产总值、第三产业生产总值等社会经济指标。气象数据部分购买自正蓝旗、正镶白旗气象站，部分获取自中国气象数据网（http：//data.cma.cn/），数据主要涉及苏尼特右旗、苏尼特左旗、阿巴嘎旗、多伦县、正镶白旗和正蓝旗6个旗县。蒸散量以联合国粮食与农业组织（Food and Agriculture Organization，FAO）提供的FAO Penman-Monteith方法，采用气温、相对湿度、风速、日照时数等月数据进行估算。由于本书对浑善达克沙地的沙漠化遥感监测始于1982年，所以驱动机制分析主要利用1981—2016年的气象数据，并对各气象要素进行了2年滑动平均处理。

人为因素中8个因子的数据均下载自统计年鉴分享平台（https：//www.year-bookchina.com），包括了苏尼特右旗、苏尼特左旗、阿巴嘎旗、正蓝旗、正镶白旗、多伦县、克什克腾旗7个旗县1986—2016年的户籍总人口、乡村人口、耕地面积、载畜量等数据。载畜量由内蒙古统计年鉴牲畜头数数据折算得出，统计年鉴给出了包括羊、大牲畜和猪的3个牲畜指标。根据2018年研究区牧户调查的结果，研究区大牲畜主要为牛、马，猪头数不进行载畜量统计，那么，本书载畜量一律以绵羊（只）为单位，各类牲畜与绵羊的换算标准，按羊（绵羊、山羊）为1、大牲畜（牛、马）为5的比例进行换算。

本书利用主成分分析法对浑善达克沙地沙漠化驱动机制进行分析，可将多指标简化为若干综合指标，并得到沙漠化影响因素中不同驱动因子的贡献率。选取的主要驱动因素包括：年降水量（X_1）、年平均气温（X_2）、年平均风速（X_3）、年蒸散量（X_4）、户籍总人口（X_5）、乡村人口（X_6）、耕地面积（X_7）、载畜量（X_8）、地区生产总值（X_9）、第一产业生产总值（X_{10}）、第二产业生产总值（X_{11}）和第三产业生产总值（X_{12}）。

3.2 驱动机制分析

对浑善达克沙地1982—2017年间的沙漠化驱动因子进行主成分分析，选取特征值大于1、累计贡献率大于85%的主成分因子进行主成分载荷分析（表6-3）。12个驱动因子中，第一到第三主成分累计贡献率达到100%，各主成分的贡献率分别为63.9%、20.08%和16.02%。根据主成分载荷矩阵可知，近35年的浑善达克沙地沙漠化过程，不仅受自然因素控制，还深受人类活动的影响。第一主成分的贡献率为63.9%，其中，1个自然因子——年平均风速（X_3），5个人为因子——户籍总人口（X_5）、地区生产总值（X_9）、第一产业生产总值（X_{10}）、第二产业生产总值（X_{11}）和第三产业生产总值（X_{12}）的贡献率较高。2个自然因子——年降水量（X_1）、年平均气温（X_2），2个人为因子——乡村人口（X_6）、载畜量（X_8）也有一定的贡献率。第一主成分反映了浑善达克沙地沙漠化过程是自然过程和人为过程彼此叠加并相互反馈的结果，且人为因素起到的作用更大。在人类不合理利用土地资源最严重的时段（1982—2002年），哪怕气候暖湿有利于植被发育（1982—1992年），也改变不了人类活动导致的土地沙漠化加剧；而较差的气候条件（1992—2002年），也只是加剧人类不合理利用土地资源造成的沙漠化。在人类活动以严控人口、载畜量，退耕还林、加强草原生态建设等风沙治理活动为主的时段（2002—2017年），较差的气候条件（2002—2011年），也难以造成沙漠化土地面积增加；较好的气候条件（2011—2017年），则更有利于风沙治理，有助于达到更好的土地沙漠化逆转效果。

第二主成分中，年平均气温（X_2）、蒸散量（X_4）、耕地面积（X_7）的贡献率较大，其中耕地面积的贡献率最大，说明人为因素在该主成分中起主要作用。第三主成分中，年降水量（X_1）的贡献率最大，蒸散量（X_4）、乡村人口（X_6）、载畜量（X_8）等有一定贡献率，说明自然因子对该主成分的贡献较大。

表6-3　1986—2017年浑善达克沙地沙漠化驱动因子主成分载荷矩阵

变量	1	2	3
年降水量(X_1)	0.567	0.193	0.801
年平均气温(X_2)	0.716	0.510	-0.477
年平均风速(X_3)	-0.985	0.171	0.020
蒸散量(X_4)	-0.456	0.665	-.0591
户籍总人口(X_5)	0.858	0.450	-0.249
乡村人口(X_6)	-0.667	0.446	0.596
耕地面积(X_7)	0.278	0.958	-0.066
载畜量(X_8)	-0.698	0.488	0.524
地区生产总值(X_9)	0.980	0.083	0.178
第一产业生产总值(X_{10})	0.987	0.126	0.095
第二产业生产总值(X_{11})	0.966	0.091	0.241
第三产业生产总值(X_{12})	0.964	0.116	0.239
特征值	8.307	2.61	2.08
贡献率(%)	63.902	20.077	16.021
累计贡献率(%)	63.902	83.979	100

　　总体来说，近35年的浑善达克沙地土地沙漠化过程是自然因素与人为因素共同作用、彼此叠加并相互反馈的结果。人口增加带来的过度开垦、过度放牧等不合理的农牧业开发利用活动是导致研究区植被破坏、土地沙漠化的主要原因。1956—2016年间的浑善达克沙地气候总体呈暖干化趋势，然而研究区沙漠化并未持续扩展，而是经历了先扩展后萎缩的进程。显然，控制沙地人口、载畜量，改善经营管理，退耕还林、加强环境保护，治理风沙的人类活动在沙漠化逆转过程中起到了关键性的作用。而降水量的增加、气温的升高以及风速的降低有利于研究区沙漠化土地面积的萎缩，反之则会加剧沙漠化土地面积的扩展，气候变化未能主导近35年的浑善达克沙地沙漠化的发展方向。

参考文献

［1］Sarnthein M. Sand deserts during glacial maximum and climatic optimum［J］. Nature,1978,272:43-46.

［2］Wintle A G. Luminescence dating: laboratory procedures and protocols［J］. Radiation Measurements,1997,27(5):769-817.

［3］Aitken M J. An introduction to optical dating: the dating of Quaternary sediments by the use of photon-stimulated luminescence［M］. New York: Oxford university press,1998.

［4］Lian O B, Huntley D J. Luminescence dating［M］. Netherlands: Springer, 2001:261-282.

［5］鹿化煜,弋双文,徐志伟,等.末次盛冰期和全新世大暖期中国沙漠沙地的空间格局［J］.科学通报,2013,1:1-9.

［6］Tchakerian V P. Palaeoclimatic interpretations from desert dunes and sediments［M］//Parsons A J, Abrahams A D. Geomorphology of Desert Environments.Berlin:Springer Science+Business Media B V,2009:757-772.

［7］Williams M A J. Quaternary environments in northern Africa［J］. A land between two Niles,1982,2:12-22.

［8］Tchakerian V P. Dune palaeoenvironments［J］. Aeolian Environments, Sediments and Landforms,1999,118:261-292.

［9］Lancaster N. Low latitude dune fields［M］//Elias S A. Encyclopedia of Quaternary Science. Amsterdam:Elsevier,2007:626-642.

［10］Kocurek G. Aeolian system response to external forcing factors—a sequence stratigraphic view of the Saharan region[J]. Quaternary Deserts and Climatic Change, 1998,8:327-337.

[11]Lancaster N, Tchakerian V P. Later Quaternary eolian dynamics, Mojave Desert, California [M]//Enzel Y, Wells S G, Lancaster N. Paleoenvironments and Paleohydrology of the Mojave and Southern Great Basin Deserts, Boulder, CO: Geological Society of America Special Paper ,2003,368:231-249.

[12]Nanson G C, Chen X Y, Price D M. Aeolian and fluvial evidence of changing climate and wind patterns during the past 100 ka in the western Simpson Desert, Australia[J]. Palaeogeography, Palaeoclimatology, Palaeoecology, 1995, 113(1): 87-102.

[13]Twidale C R, Prescott J R, Bourne J A, et al. Age of desert dunes near Birdsville, southwest Queensland [J]. Quaternary Science Reviews, 2001, 20 (12): 1355-1364.

[14]Wasson R J. Late Quaternary paleoenvironments in the desert dunefields of Australia[M]//Vogel J C. Late Cainozoic paleoclimates of the Southern Hemisphere. Rotterdam:Balkema,1984:419-32.

[15]Clark P U, Dyke A S, Shakun J D, et al. The Last Glacial Maximum [J]. Science,2009,325(5941):710-714.

[16]Yang X P, Rost K T, Lehmkuhl F, et al. The evolution of dry land in northern China and in the Republic of Mongolia since the Last Glacial Maximum [J]. Quaternary international,2004,118-119:69-85.

[17]李孝泽,董光荣. 浑善达克沙地的形成时代与成因初步研究[J]. 中国沙漠,1998,18(1):16-21.

[18]周亚利,鹿化煜,张家富,等. 高精度光释光测年揭示的晚第四纪毛乌素和浑善达克沙地沙丘的固定与活化过程[J]. 中国沙漠,2005,3(25):342-350.

[19]UNEP. World Atlas of Desertification[M]. London:Arnold,1997.

[20]Tsoar H, Blumberg D G. Formation of parabolic dunes from barchan and transverse dunes along Israel's Mediterranean coast[J]. Earth Surface Processes and Landforms,2002,27:1147-1161.

[21]Siegal Z, Tsoar H, Karnieli A. Effects of prolonged drought on the vegetation cover of sand dunes in the NW Negev Desert: Field survey, remote sensing and conceptual modeling[J]. Aeolian Research,2013,9:161-173.

[22]Pye K, Tsoar H. Aeolian sand and sand dunes[M]. Berlin:Springer Science

and Business Media,2008.

[23]Hesse P P,Simpson R L. Variable vegetation cover and episodic sand movement on longitudinal desert sand dunes[J]. Geomorphology,2006,81(3):276-291.

[24]Liu M P,Hasi E,Sun Y. Variation in grain size and morphology of an inland parabolic dune during the incipient phase of stabilization in the Hobq Desert,China [J]. Sedimentary Geology,2016,337:100-112.

[25]Yizhaq H,Ashkenazy Y,Tsoar H. Sand dune dynamics and climate change: A modeling approach[J]. Journal of Geophysical Research:Earth Surface (2003—2012),2009,114:1-11.

[26]吴正.风沙地貌与治沙工程学[M].北京:科学出版社,2003:304-305.

[27]Tsoar H. Sand dunes mobility and stability in relation to climate[J]. Physica A:Statistical Mechanics and its Applications,2005,357(1):50-56.

[28]Kar A. Aeolian processes and bedforms in the Thar Desert[J]. Journal of Arid Environments,1993,25(1):83-96.

[29]陈隆勋,朱文琴,王文.中国近45年来气候变化的研究[J].气象学报,1998,56(3):257-271.

[30]刘冰,靳鹤龄,孙忠.中晚全新世科尔沁沙地演化与气候变化[J].中国沙漠,2013,33(1):77-86.

[31]朱震达,吴正,刘恕,等.中国沙漠概论[M].修订版.北京:科学出版社,1980.

[32]中国科学院地学部.关于我国华北沙尘天气的成因与治理对策[J].地球科学进展,2000,15(4):361-364.

[33]Brown J F. Effects of experimental burial on survival,growth,and resource allocation of three species of dune plants[J]. Journal of Ecology,1997,85:151-158.

[34]Wolfe S A,Nickling W G. The protective role of sparse vegetation in wind erosion[J]. Progress in Physical Geography,1993,17:50-68.

[35]Fearnehough W,Fullen M A,Mitchell D J,et al. Aeolian deposition and its effect on soil and vegetation changes on stabilised desert dunes in northern China[J]. Geomorphology,1998,23(2):171-182.

[36]Lancaster N,Baas A C W. Influence of vegetation cover on sand transport by wind:field studies at Owens Lake,California [J]. Earth Surface Processes and Landforms,1998,23(1):69-82.

[37]朱震达,刘恕.中国北方地区的沙漠化过程及其治理区划[M].北京:中国林业出版社,1981.

[38]Hobbs R J. Disturbances as a precursor for weed invasion in native vegetation[J]. Plant Protection Quarterly,1991,6:99-104.

[39]Fleischer T L. Ecological costs of livestock grazing in western North America.[J]. Conservation Biology,2010,8(3):629-644.

[40]红梅,韩国栋,赵萌莉,等.放牧强度对浑善达克沙地土壤物理性质的影响[J].草业科学,2004,21(12):108-111.

[41]翟夏杰,黄顶.围封与放牧对典型草原植被和土壤的影响[J].中国草地学报,2015,37(6):73-78.

[42]庞蕊.围封与放牧对内蒙古温带草原土壤激发效应的影响研究[D].北京:中国科学院地理科学与资源研究所,2017.

[43]叶笃正,丑纪范.关于我国华北沙尘天气的成因与治理对策[J].地球科学进展,2000,15(4):513-521.

[44]丁国栋.沙漠学概论[M].北京:中国林业出版社,2002.

第七章　浑善达克沙地沙漠化的防治对策

土地沙漠化的危害主要是风沙流、地表风沙侵蚀以及堆积地貌的扩展和移动过程造成的，因此，土地沙漠化防治主要是通过人为干预的方式减弱，甚至制止这些过程的发展，将其影响控制在有利于社会经济发展的范围内。想达到这些沙漠化防治的目标，主要通过两种途径：一是防止有潜在沙漠化风险的土地转化为沙漠化土地，包括防止沙漠化程度的加剧，即防止轻度沙漠化土地向重度沙漠化土地发展；二是治理已经发生了沙漠化的土地，并根据沙漠化程度不同，进行相应的治理。总之，浑善达克沙地沙漠化的治理应坚持以防为主、防治结合的方针。作为北京沙源治理区，浑善达克沙地土地沙漠化问题历来被高度重视。浑善达克沙地属于我国东部沙地，与西部沙漠差异明显，自然条件较好，沙漠化土地大部分是在脆弱的半干旱生态系统条件下人为活动的影响造成的。虽所处自然条件较荒漠地带优越，实际上更容易受人为过度干扰和降水变化的影响而使沙漠化迅速发展。因此，研究区的沙漠化防治措施应针对不同沙漠化原因，采取源头控制，合理利用土地资源，采取植物固沙、保护天然植被、合理放牧等，并逐渐改变沙漠化发展，改善生态环境。

本章在总结沙漠化防治的理论基础、基本原则以及针对浑善达克沙地沙漠化防治的政策及措施基础上，利用1956—2017年的研究区6个气象站的气象观测资料，2017年的浑善达克沙地分旗县的沙漠化遥感监测数据，2018年夏季的克什克腾旗、苏尼特左旗以及阿巴嘎旗的牧户问卷调查等数据，根据研究区内部不同区域的自然条件及沙漠化情况，进行了浑善达克沙地沙漠化区域划分，并提出了相应的治理对策。

1 沙漠化防治的理论基础

1.1 近地面风的特征

风沙地貌是风与沙相互作用形成的风成地貌形态，风沙作用越强烈，风成地貌越发育。风是风沙作用和风成地貌形成的动力，并不是所有的风都对风沙运动起作用，沙粒只有在风速达到一定程度才开始运动，这个使沙粒脱离地表开始运动的风速就是临界风速，临界风速以上的风速才是起沙风，一般为≥5 m·s^{-1}，风速越大可能搬运的沙量越多。近地面风的方向则控制风沙运动的方向，进而影响沙丘移动以及沙漠化扩展的方向，一般对研究区近10~20年的16个方向的起沙风进行统计分析，得到区域起沙风的盛行方向，盛行风的大小和方向直接影响风沙运动的性质。近地面风受地面的粗糙程度影响，摩擦力越大风速越小，近地面摩擦力随高度增加降低，近地面风速的变化随高度呈对数分布。

沙丘的形态发育及演变受起沙风况[1]（Fryberger，1979）影响，野外观测发现，气流方向和强度决定沙丘表面蚀积模式，纳米布沙漠纵向沙丘在双风向风况交替作用下，沉积物粒度分布表现出明显的季节性特征[2]（Livingstone，1989a）；毛乌素沙地南缘横向沙丘沉积物粒度特征，随区域风向变化而改变[3]（哈斯等，2006）。内华达中西部Silver Peak沙地沙丘表面沉积物粒径及分选特性取决于气流强度[4]（Lancaster，2002）。非洲南部纳米布沙海的线形沙丘在季节性双向风的交替作用下，夏季沙丘西坡侵蚀东坡堆积，冬季反之，沙脊线做往复运动，一年内最高会顺风向移动15 m，当风向转换，沙丘经反方向风的作用，沙脊线又移回一年前的初始位置[5]（Livingstone，1989b）。

1.2 沙粒运动的特征

风力作用下的沉积物的侵蚀、搬运和堆积过程是认识沙丘地貌动态、沙漠化、沙尘暴、土壤风蚀以及沙丘沉积系统的关键之一，是判别不同沉积环境、不同沉积成因的有效指标。沉积物的粒径和质量直接影响沙粒在风沙运动中的输移和沉积，研究表明粒径为0.08 mm左右的沙粒是最易起动的，粒径变大或变小都需要更大的起动风速，其中细颗粒不易起动，可能是颗粒间的内聚力增大、细颗粒的持水性能强或地表粗糙度较小等原因造成的[6]（吴正，2003）。拜格诺（1941）[7]认为粒径大于0.50 mm的沙粒是风力所不能单独移动的粗颗粒，主要靠比它们细得多的跃移沙粒的冲击作用，而获得能量在地表蠕移前进；

粒径为0.10~0.50 mm的沙粒以跃移为主，跃移是风沙运动的主要方式，约75%的沙量靠跃移搬运在贴近地表30 cm附近的范围内运动；粒径小于0.05 mm的沙粒一旦被风扬起，就不易沉降，能够输送到几千千米外[8]（Shao，2008），撒哈拉沙漠的微尘，可在3000 km以外的地区观测到。因此，由于不同粒径的沙物质在风沙运动过程中的差异性，单个沙丘不同部位[3, 9, 10]（吴霞等，2012；哈斯等，2001；哈斯等，2006）和相同区域不同沙丘类型[11, 12]（哈斯等，1996；哈斯，1998）之间粒度存在差异，同时也导致了不同沙漠[13-16]（Lancaster，1986；Saye，2006；Ghrefat，2007；Yaacob，2010）区域尺度上沙物质粒度的差异。

沙丘沉积物的输移主要受控于剪切风速，野外观测发现剪切力和风速均自迎风坡坡脚向丘顶加速，至丘顶最大，导致迎风坡遭受风蚀[17]（Wiggs，1993）；而在背风坡近脊线处气流扩展，风速和输沙率迅速降低，并发生沉积[18]（Lancaster，2009）。Sharp（1964）认为风速越大可携带的沙粒就越大，沙粒的粗细分布范围也更广[19]。所以，沙丘形态、风速、输沙率和沙丘沙粒度分布是相互作用的。因此，从迎风坡脚到丘顶平均粒径变大，从丘顶到背风坡脚又变小，分选性也顺风向先变差再变好。气流加速又受沙丘高度的影响[20]（Jackson，1975），沙丘高度越小，加速越微弱，粒度分布规律也越不显著[9]（吴霞，2012）。

刘树林等（2006）通过野外实验观测，对浑善达克沙地不同程度沙漠化土地的春季风沙活动特征进行了研究[21]。结果表明：输沙率随风速增加呈非线性增大；相同风速下，随着土地沙漠化程度的增加，输沙率呈指数式增加；春季由于植被高度有限，覆盖度小于10%与覆盖度大于25%的沙地，对风场的响应，表现出明显不同的风沙流结构；不同程度的沙漠化土地上，发生风蚀搬运的物质组成也明显不同；研究区春季影响风沙活动的因素，主要是土地沙漠化程度、降水的迟早以及残存的灌木与多年生草本植物的多少等。

1.3 风沙流运动的规律

风沙流是指含沙粒的运动气流。从流体力学的角度来看，风沙流是一种气固两相流，是气体及其搬运的固体沙粒组成的混合气流。它的形成依赖空气与沙质地表两种不同密度的物理介质的相互作用，风吹经疏松的沙质地表时，由于风力作用，沙粒脱离地表进入气流中而被搬运，导致沙地风蚀的发展，产生风沙运动，出现风沙流。虽然风沙运动的根本动力是风，气固两相的风沙流对地表的磨蚀才是塑造风沙地貌的主要动力，侵蚀强度远大于净风对地表的吹蚀。

风沙流是一种沙粒的群体运动，是风沙活动过程中的重要一环，是造成风蚀与沙埋危害的重要原因，因此，对风沙流的研究是风沙运动理论与防沙治沙的关键。风沙流的结构，即气流中所搬运的沙粒在搬运层内随高度的分布，决定风沙输移强度与防沙治沙措施的选取。气流搬运的约75%的沙量是靠跃移搬运在贴近地表30 cm附近的范围内运动，认识风沙运动的这一重要性质，对防沙治沙有重要意义。因此，设计防风固沙沙障就不需要更高的高度，一般只距离地表20~30 cm即可达到良好的固沙阻沙效果。

1.4 植物对沙漠环境的生物适应性及作用原理

沙漠植物经过漫长的演化过程，逐渐适应了沙漠环境干旱、少雨、多风、温差大、日照强、土壤贫瘠等恶劣生境条件，形成了各种对沙漠环境的适应方式和适应特性，具体表现为对干旱、风蚀、沙打（埋）、盐碱的强适应与强耐性；结实多、易繁殖、根系发达、枝叶特化、生命史短。浑善达克沙地稀疏灌丛沙区多黄柳，黄柳的水平根系可延伸20 m以上，垂直根系可达3.5 m，根系穿过表层的干沙层，在稳定湿沙层迅速延伸扩展，以利用地下水分，同时固结根系周围的沙粒。

不同的植被覆盖度、形状以及排列形式等特征对风沙活动产生不同的影响。植被覆盖地表，保护地表沉积物不被侵蚀[22]（Wolfe，1993），风对地表的侵蚀量随植被覆盖度的增加而减少，野外观察发现，当植被覆盖度达30%以上时，地表几乎不发生风蚀[23]（Ash，1983）。植被通过截获气流中的沙物质[24-26]（Hesp，2008；Hansen，2009；Fearnehough，1998），增加地表粗糙度，抑制风营力[27]（Brown，1997），改变沙丘表面气流方向、输沙率及侵蚀堆积格局[28]（Lancaster，1998）等方式，使沙丘表面过程变得更为复杂，进而改变沙丘发育。

沙漠植被与环境相互影响，形成具有独特的生物特性的植物种类和植物群落，保护沙漠植物的多样性具有重要意义。对沙漠植被类型与特征的研究可为合理开发利用沙漠植被，进而为治理沙漠化、改造沙漠环境提供科学依据。

2 沙漠化防治的原则及对策

2.1 基本原则

人与自然和谐共处是沙漠化治理的基本原则，治理原则首先以沙区人民生活水平的提高、社会经济的发展与生态环境建设和谐的发展为目的,既保护干旱与半干旱地区脆弱的生态环境,又满足人类社会的可持续发展。其次,生态效益、经济效益、社会效益并重,沙漠化防治不能只讲求生态效益,经济效益是治沙顺利开展的保障,能够带来社会效益、生态效益,调动沙区人民的治沙积极性,使治沙工作得以长期进行。再次,因地制宜防沙治沙,掌握沙区的自然条件,尤其是水资源的分布,在沙漠化治理与当地农业发展过程中针对不同自然条件采取不同的措施,不盲目开采利用地下水资源。最后,预防为主,防治结合。在防止潜在沙漠化土地出现沙漠化、轻度沙漠化向重度沙漠化转变的同时,对已经发生的不同程度的沙漠化进行有效治理。

2.2　沙漠化防治措施

根据沙漠化造成危害的性质,可将沙漠化防治措施分为植物治沙措施(封沙育草、植树造林)、工程防治措施(设立各式沙障)和化学固沙措施(喷洒加固剂)。植物与工程防沙治沙措施是通过降低近地表风速降低或阻止风沙活动;化学固沙措施则是通过固结沙面,控制地表风蚀过程的发展。从力学作用原理来看,可将沙漠化防治措施分为固沙、阻沙、输导沙等主要类型。固沙技术按力学分类,包括两部分:固定和封闭。固定即设置草方格、黏土方格沙障、栽种植物或用喷洒原油、盐水等稳定边坡、固定流动沙丘表面,变流动表面为半固定或固定表面。封闭即用砾石、黏土、秸秆、稻草等铺盖沙面,或喷洒沥青乳剂等化学胶结物质固结流沙表面形成一层保护硬壳,实质是在裸沙表面设置了隔断层。阻沙工程是增大风沙流的运动阻力,阻滞消能,令其减速和促使沙物质沉积,包括设置高立式沙障、栅栏、林带等,三者的工程高度、迎风面疏透度及其随时间的分布、材料弹性不同,但是力学原理基本是一样的,利用有孔隙的疏透面减弱地表剪切流。

(1)设置沙障

设置沙障是最常用的固定流沙的方法之一,用料主要是黏土、秸秆、稻草、芦苇等。其中,黏土沙障铺设简便、经济耐用,适用于就近有黏土产源的地区。草方格沙障柔韧、透气,可截留降水,改善土壤水分状况,在草方格沙障中间种植固沙植物,可达到较好的固沙保植效果。沙障规格越小效果越好,考虑经济问题,一般沙丘起伏大处规格为 1 m × 1 m;平缓处为 4 m × 2 m 或更大。张瑞麟等(2006)[29]利用黄柳在浑善达克沙地流动沙地设置了不同类型的活沙障,黄柳沙障设置3年后,障内植物种类增多,地面粗糙度增加,近地面风速减小,沙地趋于固定,不同类型的沙障对近地面风速减缓的效果不同,依次为 4 m × 4 m

黄柳网格沙障>6 m×6 m黄柳网格沙障>4 m间距的黄柳带状沙障。

（2）植树造林

植树造林是抑制沙漠化扩展的最有效手段，可从根本上改善沙区生态环境。浑善达克沙地自然条件东部优于西部，水资源东部丰富于西部，植树造林也应因地制宜，合理利用当地的水资源，优先选择当地乡土树种，综合考虑东、西部的差异。西部主要种植防风固沙、保持水土的生态防护林，以灌木、半灌木和牧草为主；东部则适当发展需水量较大的经济林、风景林等，包括乔木、灌木及牧草，使沙漠化危害得到缓解的同时，提高当地人民的生活水平，增加经济收入，兼得生态效益与经济效益。且在西部沙漠化较为严重的区域，人工播种固沙植物应先易（丘间地）后难（沙丘），前挡（落沙坡高秆）后拉（迎风坡沙蒿）。浑善达克沙地植树造林的当地树种，乔木选择榆树、蒙古栎、山丁子、油松等；灌木选择小叶锦鸡儿、花棒、柠条、黄柳、刺梅、绣线菊、欧李、沙竹等；半灌木选择油蒿、籽蒿等。

（3）保护天然植被

浑善达克沙地植被低矮稀疏，除沙地东部固定沙丘上散生榆树、樟子松等外，绝大部分植被都是草本植物和灌木，流沙地区植被更为稀疏，天然生态系统比较脆弱。天然生态系统一旦遭受破坏，依靠自行恢复，需要的时间很长，且破坏越严重越难恢复。而建立人工生态系统则需要一个漫长的周期，且需要投入大量的人力、资金及技术，天然生态系统则与当地的气候相适应，只需加大保护力度，就能很好地缓解沙漠化进程的发生、发展。所以，在积极进行人工植树造林的同时，更应重视对现有天然植被的保护，确保不出现"造林赶不上毁林"的被动局面，预防为主、防治结合才能迅速增加沙区的植被覆盖率。浑善达克沙地植被覆盖度东、西差异明显，沙地西部植被覆盖度较低，东部较高。流沙地（严重沙漠化土地）也主要分布在沙地西部，这些地区往往也是沙漠化治理的重点区域。就以往经验，同等重视半固定沙地（发展中沙漠化）、固定沙地（潜在沙漠化土地）上的植被、土壤的保护力度，才能达到良好的沙漠化防治效果。沙漠化程度较弱的东部沙区，集中了沙区90%以上的乡村人口，该区域樵牧、农垦等人类生存活动势必强于沙地西部地区，对植被、土地的利用率更大。因此，对浑善达克沙地天然植被的保护应考虑东、西部差异，划区封育、定期停止樵牧。

另外，水是沙漠治理的重要条件，需配合当地的水分条件进行植被恢复。浑善达克沙地降水由东向西递减，地下水分配也是东部优于西部，那么，研究区在沙漠化治理过程中应加强流域水资源统一调配和管理，处理好上下游之间的水资源分配关系，科学合理安排生活、生产、生态用水，切忌植树造林过程中经济林种植与生态林种植比例不当、过度取用地下水造成地下水枯竭，着力建设节水型社会。

2.3 政策措施

政府在制定生态环境保护制度、草原生态补奖政策、草原生态建设和环境保护等各项政策的同时，应深入宣传，增强沙区人民沙漠化防治的思想意识。

（1）严格控制人口

土地沙漠化的成因既有自然因素，又有人为因素，其中人为因素较易控制，是沙漠化防治的重点。沙区自然环境脆弱，天然植被能够提供的生物生产量低且不稳定，所能承载的牲畜和容纳的人口自然较少。现实是人口数不断增长，造成沙区人口数快速增长的原因，一是少数民族地区，计划生育工作开展较晚；二是1982年计划生育成为基本国策，少数民族实行计划生育，虽提倡一对夫妻生育一个子女，实际聚居在民族自治县的少数民族夫妻是农村居民的可以按时间要求生育两个子女。沙区人口为了生存，便不可能停止牧垦、樵采等生产和生活活动，生态环境进一步被破坏。那么，控制人口数就成为解决沙区人口与资源的矛盾、对土地依附性较强的农业人口向其他产业转移、减轻当地自然生态系统的人畜压力进而缓解土地沙漠化的有效措施。

（2）加强草原生态建设和环境保护

加强封禁保护，大搞植树造林。对依法划定的封禁保护区，要禁止一切破坏植被的活动，通过大自然的自我修复，逐步形成稳定的天然草原生态系统。推行草原划区轮牧、季节性休牧和围封禁牧制度，推行舍饲圈养和退牧还草，采取退耕还林还草等有效措施，保护和恢复沙化草原草地植被。其中，对固定沙丘进行天然植被保护，划区轮牧合理利用草场；对半固定沙丘实施天然封育，牧草补种；对流沙区域设置沙障，栽种固沙植物，遏制沙漠化土地继续扩展。

（3）坚持正确的生产经营方式，改善经营管理

一是坚持正确的生产经营方式。研究区所处自然区域为半干旱草原与干旱荒漠草原地带，原生生态系统以草原生态系统为主，是内蒙古优良的牧场，当地蒙古族牧民有着悠久的畜牧业经营历史，且当地干旱砂质壤等自然条件不适宜大面积发展农业。为防治土地沙漠化，沙区坚持以畜牧业为主、农林牧全面发展的生产经营方向。畜牧业以草定畜，严格执行草畜平衡制度和天然草牧场载畜量核定标准。进一步抓好龙头企业、专业合作社、家庭牧场等经营主体的培育发展，做优养殖、加工、流通、营销各个环节，提高畜产品市场占有率。

发挥"锡林郭勒、苏尼特羊肉"享誉较盛的优势，精深加工肉羊项目，优化地方优良品种，实施"减羊增牛"战略，规划发展优质良种肉牛养殖产业，引进纯种肉牛。在粉砂质壤或非砂质壤土地合理发展饲草、饲料基地，舍饲禁牧。

二是改善经营管理，建设生态农业。禁止开垦砂质土地，严格管控草地开垦，利用土层深厚、自然肥力高的深栗钙土土地，发展应用现代科学技术的生态农业，种植耐旱、早熟的农作物和饲草，建设有防护林体系的稳产田。同时，合理发展沙产业，浑善达克沙棘产品颇享盛誉，沙棘易繁殖、生长快，合理计划采集后还可再生，不会造成植被的破坏，是沙区生长的用于防风固沙的优良植物。以沙棘为原料发展酿造企业，帮助农牧民增收，并促进生态环境保护与建设[30]（刘学敏等，2002）。同时，通过龙头企业的带动，还可以促进生态建设和相关产业的发展，推动农牧业的产业化经营，在经济建设的同时恢复生态环境，实现生态建设产业化。大力推进绿色清洁能源、合理控制煤炭开发规模和强度。加大生态保护区植物资源开发利用管理，发展草原全域旅游，促进蒙元、草原文化与旅游融合。

三是积极妥善安排生态移民。在生态环境极其恶劣、草场退化较严重、缺乏基本生活条件的地方，实施"围封转移"工程，走围封转移、移民扩镇的区域发展道路，以期实现保护生态、区域脱贫、发展经济的目标。"生态移民"是围封转移战略的重要组成部分，2002年，仅正蓝旗移民就达1074户（近5000人）[31]（李笑春等，2004）。如果进入城镇后的移民无事可做、生活恶化，进而移民回流，则生态移民行之无效。因此，在生态移民的过程中，必须加快龙头企业的培养与市场的建设，增强小城镇的经济活力与吸纳能力，以巩固移民的成果。积极培育实施农牧业产业化经营的企业集团和龙头企业，提高城镇的经济实力与就业容量，使之成为农畜产品生产、加工和销售的基地，增加就业保障。

3　浑善达克沙地沙漠化的防治区划与治理对策

上述的沙漠化防治原则及措施是将浑善达克沙地沙漠化视作一个整体，从整体角度出发提出的。实际上在广袤的浑善达克沙地范围内，不同地区的沙漠化现状、发展及危害各有差异，因而治理措施及对策也存在差别。只有在认识沙漠化共性的基础上，深入个性的了解，才能应对实际中各个地区的沙漠化防治的开展。因此，在总体的沙漠化情况及治理对策研究之后，还应根据内部不同区域的沙漠化情况和治理措施进行区域划分。

本研究的沙漠化防治区域划分是在全国的一级区划和内蒙古自治区的二级

区划的基础上，进行的第三级沙漠化防治区划。浑善达克沙地东部自然条件、社会经济状况以及沙漠化程度均优于西部，自然带自东向西由半干旱草原自然带，进入干旱荒漠草原自然带。浑善达克沙地在全国沙漠化治理区划中，属于半干旱草原地带及干旱荒漠草原地带沙漠化发展大区[32]（朱震达，1981）。地貌上，浑善达克沙地是蒙古地槽古生代褶皱带的一部分，第三纪早期区域沉降，积累湖相沉积，第三纪晚期抬升形成高平原地貌，研究区属于内蒙古高原。基于浑善达克沙地2017年Landsat OIL遥感影像面向对象计算机自动分类与人工目视解译提取的沙漠化遥感监测数据，研究区总土地面积为41639.68 km²，沙漠化土地面积为35967.32 km²，其中极重度沙漠化土地面积、重度沙漠化土地面积、中度沙漠化土地面积和轻度沙漠化土地面积分别占6.35%、22.55%、39.01%和32.09%。在对研究区进行沙漠化遥感监测数据提取时，基于不同植被覆盖度提取不同程度的沙漠化土地，分别将植被覆盖度<10%、10%～30%、30%～60%和>60%土地划分为极重度沙漠化土地、重度沙漠化土地、中度沙漠化土地和轻度沙漠化土地。那么，植被覆盖度<10%的主要为流动沙丘分布的极重度沙漠化土地；植被覆盖度在10%～30%之间的以半固定沙丘为主、流动沙丘点状分布其间的重度沙漠化土地为严重沙漠化土地；植被覆盖度在30%～60%之间的以固定沙丘为主、半固定沙丘点状散布其间的中度沙漠化土地为发展中沙漠化土地；植被覆盖度>60%的以固定沙丘为主的轻度沙漠化土地为潜在沙漠化土地。由此，研究区应归为我国半干旱草原地带及干旱荒漠草原自然带中的内蒙古高原的发展中（中度）沙漠化地区和潜在（轻度）沙漠化地区。

在浑善达克沙地的内部，各个地区的沙漠化程度不同，各地沙漠化形成的自然因素和人为因素也不同。因此，各地沙漠化防治措施及对策应因地制宜，考虑不同地区的土地利用方式以及土地沙漠化发生及发展过程。由于实际的土地利用和沙漠化防治的工作开展都是以行政单位组织实施的，在区域划分时尽可能地将区域连片划分并与旗县的边界一致。区划的命名由所在旗县的地名及沙漠化发展程度组成，将研究区划分为3个沙漠化防治小区，不同区域采取不同的防沙治沙对策。

浑善达克沙地沙漠化区划为：

（1）苏尼特右旗—苏尼特左旗——严重（极重度与重度）沙漠化区；

（2）阿巴嘎—正镶白旗——发展中（中度）沙漠化区；

（3）正蓝旗—多伦县—克什克腾旗——潜在（轻度）沙漠化地区。

3.1 苏尼特右旗—苏尼特左旗——严重（极重度与重度）沙漠化区

浑善达克沙地严重沙漠化区域包含极重度沙漠化地区和重度沙漠化地区两种类型，主要分布于苏尼特右旗的中东部和苏尼特左旗的东南部。根据2017年浑善达克沙地土地利用遥感影像监测数据，本区土地总面积为12290.03 km²，草地面积为9.60 km²，盐碱地面积为124.55 km²，水域面积为30.56 km²，沼泽地、灌木林地等其他非沙漠化土地面积为20.47 km²。沙漠化土地面积为12104.86 km²，占土地总面积的98.49%，严重（极重度与重度）沙漠化土地面积为8690.36 km²，极重度沙漠化土面积与重度沙漠化土地面积分别为2146.72 km²和6543.64 km²，发展中（中度）沙漠化土地面积为3277.58 km²，潜在（轻度）沙漠化土地面积为136.92 km²。其中，极重度沙漠化主要发生在所处位置更为偏西的苏尼特右旗，该区域是研究区各旗县中沙漠化程度最严重的区域，该旗极重度沙漠化土地面积与重度沙漠化土地面积分别占全区同类型沙漠化土地面积的81.85%和51.54%。

该区自然条件较差，年平均气温为3.2～5.1 ℃，年日照时数为3151.85 h，多年平均风速为3.9～5.3 m·s⁻¹，多年平均降水量为189.95～212.94 mm，是全区气候最干旱、夏季气温最高、日照时数最长、风速最大的区域。自然因素的沙漠化发展比较强烈，集中了全区主要的流动沙丘，风蚀比较严重，是重度沙漠化土地易转为极重度沙漠化土地的重点防治地区。地带性植被为荒漠草原，地带性土壤为棕钙土，生物生产量相对较低，且不稳定。该区主要以牧业发展为主，当地的羊和骆驼是地方的优良品种。过度放牧导致草场退化，半固定沙丘及固定沙丘植被遭受破坏，周围出现流沙。本区的沙漠化防治措施，一是本区仍然坚持以牧为主的生产方式，但采取转变生产方式的"增牛减羊"措施，在土层较厚的土地适当发展一些种植业，发展人工饲草、饲料基地，改善草场品质，恢复区域生态环境，大力推进绿色草原全域旅游。二是加强草原生态建设和环境保护，在流沙地区设置草方格等上文所述沙障，在半固定和固定沙丘区域，加强对天然沙生植被的保护，同时积极进行人工植树造林。治理与保护并重，明确生态保护底线标准，启动草原生态环境损害责任追究机制，建立可操作、可持续的生态环境保护制度。

研究区牲畜养殖以山羊、绵羊、牛、马、骆驼等为主，其中大牲畜头数约占牲畜总数的26%，且牛居多；羊占牲畜总数的74%，且绵羊居多。本区羊养殖数量占牲畜头数的比例为全区最高，苏尼特右旗和苏尼特左旗的比值分别为94%和88%，分别高出其他旗县平均值的26%和20%。牛和羊的吃草方式不同，牛是卷舌吃草，对牧草根系伤害较小，取食过后地面植被仍有一定高度的保留；羊则是啃食吃草，在啃食过程中常将植被根系拔出吃掉，特别是山羊，还会借助蹄子刨出植被根系，对草本植被的破坏较大。所以，转变养殖对象，"增牛减羊"，加快发展优质良种肉牛产业，是针对羊养殖比重较大的严重沙漠化区域，比较适宜的对策，更有利于改善牧草的品质，进而保护和修复该区域的生态环境。"减羊"的同时做精，本区应发挥"锡林郭勒羊肉"中国驰名商标品牌优势，优化地方优良品种，进一步抓好龙头企业、专业合作社、家庭牧场等经营主体的培育发展，做优养殖、加工、流通、营销各个环节，提高畜产品市场占有率，实现优质优价。

对严重（极重度）沙漠化土地进行生物治理，主要是减少流沙面积，全面保护和增加林草植被，使仍在发展的沙漠化趋势尽快得到遏制。最有效的办法就是植树造林，退耕还林、退耕还牧还草，增加植被覆盖，实行生物措施和工程措施相结合、人工治理和自然修复相结合的综合措施来治理沙漠和沙漠化土地，改善生态环境。在生态环境极其恶劣、缺乏基本生活条件的地方，积极稳妥地进行生态移民，实行封禁保护，并保证进入城镇后的移民有事可做，因此，当地政府必须加快龙头企业的培养与市场的建设，加强发展西苏旗绒毛等本土优势特色产业，增强小城镇的经济活力与吸纳能力，使移民退得出、稳得住、逐步能致富，以巩固移民的成果。

另外，水是沙漠治理的重要条件，研究区地表组成物质疏松透水性强，地表径流不发育，本区是全区降水及地下水分配最差的区域。那么，本区在植树造林和发展人工饲草、饲料基地时，应避免种植耗水量大的经济速生树种造成的地下水枯竭，而应选择上文给出的本地灌木、半灌木树种及优良牧草等耗水较少的植物，并逐步建设灌溉生态和雨养生态基地。

3.2　阿巴嘎—正镶白旗——发展中（中度）沙漠化区

浑善达克沙地发展中（中度）沙漠化区主要包括阿巴嘎旗南部和正镶白旗北部，沙地分别占两个旗县行政面积的20%和66.8%。根据2017年浑善达克沙地土地利用遥感影像监测数据，本区土地总面积为9436.28 km²，草地面积为59.16 km²，盐碱地面积为19.44 km²，水域面积为60.37 km²，沼泽地、灌木林地等其他非沙漠化土地面积为99.95 km²。沙漠化土地面积为9197.36 km²，占土地总面积的97.47%，严重（极重度与重度）沙漠化土地面积为1243.89 km²，极重度沙漠化土地面积与重度沙漠化土地面积分别为128.58 km²和1115.31 km²，发展中（中度）沙漠化土地面积为6747.03 km²，潜在（轻度）沙漠化土地面积为 1206.43 km²，本区是浑善达克沙地发展中（中度）沙漠化区。

该区位于沙地中部，是自然条件与沙漠化程度由西向东、由差到好的过渡区。该区气候干冷，年降水量为 245.1~375.7 mm，年平均气温为 1.5~2.3 ℃，地带性土壤和植被分别是栗钙土和典型草原，天然牧场的牧草优良，牧场辽阔。为防治土地沙漠化，防止草场退化，本区应坚持以牧为主的生产经营方向，严格执行禁牧、草畜平衡制度和天然草牧场载畜量核定标准，加大草原执法监管力度，严控天然草场的牲畜超载。

本区防治土地沙漠化应治理与保护并重，对中度沙漠化土地易转为重度沙漠化土地的区域进行重点防治。应加强封禁保护，发挥自然修复作用，这是遏制沙漠化土地继续扩展最有效的措施，也是预防发生土地沙漠化最经济的途径。对依法划定的封禁保护区，要禁止一切破坏植被的活动，通过大自然的自我修复，逐步形成稳定的天然荒漠生态系统。在牧区要推行草原划区轮牧、季节性休牧、围封禁牧、舍饲圈养、退牧还草等制度，保护和恢复沙漠化草原草地植被。同时坚持"既要生态美、也要百姓富"的理念，深入实施草原生态补奖政策。本区拥有内蒙古自治区四大淡水湖之一的胡日查干淖尔湖，该湖泊分东、西两湖，西湖为盐水湖，面积约为东湖的 3 倍，目前西湖已经干涸，裸露的盐湖盆成为盐尘暴源地。可加强西湖湖盆中的碱蓬等耐盐碱饲草、饲料的种植，适当利用东湖淡水合理灌溉。

政府以经济效益为中心，根据市场经济的原则，依托科技进步，着力培育一批从事农畜产品加工、销售的龙头企业。龙头企业的发展可以提高城镇的经济实力与就业容量，使之真正成为农畜产品生产、加工和销售的基地。同时，通过龙头企业的带动，还可以促进生态建设和相关产业的发展，推动农牧业的产业化经营，在经济建设的同时恢复生态环境，实现生态建设产业化。如发展沙棘酿造企业，从种植到采摘再到加工销售，形成一条完整的产业链。沙棘是用于防风固沙的优良沙生植物，易繁殖、生长快，合理计划采集后还可再生，不会造成植被的破坏。以沙棘为原料发展酿造企业，将会提高农牧民种植沙棘的积极性，扩大沙棘的种植面积，这在帮助农牧民增收的同时也促进了生态的保护与建设。

3.3　正蓝旗—多伦县—克什克腾旗——潜在（轻度）沙漠化区

浑善达克沙地潜在（轻度）沙漠化主要发生在自然条件较好的沙地东部的正蓝旗、多伦县和克什克腾旗。根据 2017 年浑善达克沙地土地利用遥感影像监测数据，本区土地总面积为 18761.95 km²，草地面积为 2077.2 km²，盐碱地面积为 13.22 km²，水域面积为 304.0 km²，耕地面积为 411.18 km²，居民地面积为 37.91 km²，沼泽地、灌木林地等其他非沙漠化土地面积为 2383.4 km²。沙漠化土地面积为 13535.03 km²，占土地总面积的 72.14%，严重（极重度与重度）沙漠化土地面积为 265.89 km²，发展中（中度）沙漠化土地面积为 3450.46 km²，潜在（轻度）沙漠化土地面积为 9818.68 km²，是浑善达克沙地潜在（轻度）沙漠化区。

本区气候条件相对较好，年降水量在 300 mm 以上，年平均气温为 1.5～4.0 ℃，地带性植被主要为典型草原，地带性土壤为暗栗钙土，粉砂质土壤土地可做农垦用地，砂质土壤土地可做放牧用地。本区沙漠化程度从正蓝旗向多伦县递减，人口和耕地面积也逐渐增加，本区集中了沙区全部的耕地，尤其是多伦县耕地面积为 248.06 km²，占沙区耕地面积的 60.28%。20 世纪 50—70 年代，多伦县为实现蔬菜粮食自给，多次开垦草原，部分沙丘间比较广阔的被当地人称为塔拉的丘间地沙质草地也被开垦，沙漠化土地面积急剧增加，以至形成自东向西三条沙带[33]（吴正，2009）。多伦县是农牧业结合发展地区，该区最宜实施退耕还林政策，见效也将快于其他区域。防沙治沙要控制源头，综合治理，狠抓沙区产业结构调整和生产方式转变，以调促防，以转促治。要积极推广保护性耕作，发展沙区设施农业，切实改变一些地方滥开乱垦、粗放经营的做法。调整沙区能源结构，扶持发展太阳能和风能，加强沼气等生物质能源建设，减轻沙区生活用能对植被资源的依赖，防止因滥伐滥采破坏沙区植被。大力发展蓝旗奶食品等本土优势特色产业，加快推进绿色草原全域旅游发展。积极构建全域旅游格局，打造全国优质绿色草原文化全域旅游示范区，抓好旅游资源整合开发，重点推进正蓝旗元上都遗址保护展示、蓝旗小扎格斯台、达里诺尔国家级自然保护区、克什克腾国家地质公园等旅游重点项目发展。

最后，对研究区的防沙治沙还应采取法律措施，依法管理破坏沙区生态环境的违法行为，明确生态保护底线标准，启动草原生态环境损害责任追究机制，切实保护好研究区人工种植以及自然修复的植被。2018 年夏季对克什克腾旗、苏尼特左旗以及阿巴嘎旗部分嘎查的牧户进行的问卷调查结果显示，研究区牧民文化程度普遍偏低，主要的调查对象户主多为小学到高中文化程度，且只上过小学的户主偏多。调查发现户主的平均年龄在 50 岁左右，且多为在当地生活 35 年以上的母语为蒙语的蒙古族牧民，汉语水平普遍不高，有的牧民甚至不会说汉语，其掌握汉语阅读和书写的能力更低。所以，实施法律措施也要以教育为主，在生态保护宣传时与乌兰牧骑普法及文化传播充分结合。颁布相应的法律条文时应对照制定蒙语版，加大研究区《内蒙古自治区基本草原保护条例》

《内蒙古自治区环境保护条例》《内蒙古自治区湿地保护条例》等地方性法规与条例的普法宣传范围和力度。

参考文献

［1］Fryberger S G. Dune forms and wind regime［M］//McKee E D. A Study of Global Sand Seas. New York：United States Geological Survey Professional Paper，1979，1052：137-169.

［2］Livingstone I. Temporal trends in grain-size measures on a linear sand dune［J］. Sedimentology，1989a，36（6）：1017-1022.

［3］哈斯，庄燕美，王蕾，等.毛乌素沙地南缘横向沙丘粒度分布及其对风向变化的响应［J］.地理科学进展，2006，25（6）：42-51.

［4］Lancaster N，Nickling W G，McKenna N C. Particle size and sorting characteristics of sand in transport on the stoss slope of a small reversing dune［J］. Geomorphology，2002，43（3）：233-242.

［5］Livingstone I. Monitoring surface change on a Namib linear dune［J］. Earth Surface Processes and Landforms，1989b，14（4）：317-332.

［6］吴正.风沙地貌与治沙工程学［M］.北京：科学出版社，2003：304-305.

［7］Bagnold R A. The Physics of Blown Sand and Desert Dunes［M］. London：Methuen & Co. Ltd，1941：264.

［8］Shao Y P. Physics and modelling of wind erosion［M］. Berlin：Springer Science+Business Media，2008.

［9］吴霞，哈斯，杜会石，等.库布齐沙漠南缘抛物线形沙丘表面粒度特征［J］.沉积学报，2012，30（5）：937-944.

［10］哈斯，王贵勇.沙坡头地区新月形沙丘粒度特征［J］.中国沙漠，2001，21（3）：271-275.

［11］哈斯，王贵勇.腾格里沙漠东南缘横向沙丘粒度变化及其与坡面形态的关系［J］.中国沙漠，1996，16：216-221.

［12］哈斯.腾格里沙漠东南缘格状沙丘粒度特征与成因探讨［J］.地理研究，1998，17（2）：178-184.

［13］Lancaster N. Grain size characteristics of linear dunes in the southwestern Kalahari［J］. Journal of Sedimentary Petrology，1986，56（3）：395-499.

［14］Saye S E，Pye K. Variations in chemical composition and particle size of dune sediments along the west coast of Jutland, Denmark [J]. Sedimentary Geology, 2006,183:217-242.

[15]Ghrefat H A, Goodell P C, Hubbard B E, et al. Modeling grain size variations of aeolian gypsum deposits at White Sands, New Mexico, using AVIRIS imagery [J]. Geomorphology,2007,88(1):57-68.

[16]Yaacob R, Mustapa M Z. Grain-size distribution and subsurface mapping at the Setiu wetlands, Setiu, Terengganu [J]. Environmental Earth Science, 2010, 60: 975-984.

[17]Wiggs G F S. Desert dune dynamics and the evaluation of shear velocity: an integrated approach [M]//Pye K. The Dynamics and Environmental Context of Aeolian Sedimentary Systems. London:Geological Society,Special Publications,1993,72:37-48.

[18]Lancaster N. Dune Morphology and Dynamics [M]//Parsons A J, Abrahams A D. Geomorphology of Desert Environments. Berlin: Springer Science+Business Media B V,2009:311-317.

[19]Sharp R P. Wind-driven sand in Coachella valley, California[J]. Geological Society of America Bulletin,1964,75(9):785-804.

[20]Jackson P S, Hunt J C R. Turbulent wind flow over a low hill[J]. Quarterly Journal of the Royal Meteorological Society,1975,101(430):929-955.

[21]刘树林,王涛,郭坚.浑善达克沙地春季风沙活动特征观测研究[J].中国沙漠,2006,26(3):356-361.

[22]Wolfe S A, Nickling W G. The protective role of sparse vegetation in wind erosion[J]. Progress in Physical Geography,1993,17:50-68.

[23]Ash J E, Wasson R J. Vegetation and sand mobility in the Australian desert dunefield[J]. Zeitschrift and Geomorphologie,1983,45(Suppl.):7-25.

[24]Hesp P A. Coastal dunes in the tropics and temperate regions: Location, formation, morphology and vegetation processes [M]//Martinez M L, Psuty N P, Ecological Studies:Analysis and Synthesis. New York:Springer,2008:29-49.

[25]Hansen E, DeVries-Zimmerman S, van Dijk D, et al. Patterns of wind flow and aeolian deposition on a parabolic dune on the southeastern shore of Lake Michigan [J]. Geomorphology,2009,105(1):147-157.

[26]Fearnehough W, Fullen M A, Mitchell D J, et al. Aeolian deposition and its effect on soil and vegetation changes on stabilised desert dunes in northern China[J]. Geomorphology,1998,23(2):171-182.

[27]Brown J F. Effects of experimental burial on survival, growth, and resource allocation of three species of dune plants[J]. Journal of Ecology,1997,85:151-158.

[28]Lancaster N, Baas A C W. Influence of vegetation cover on sand transport by wind: field studies at Owens Lake, California [J]. Earth Surface Processes and Landforms,1998,23(1):69-82.

[29]张瑞麟,刘果厚,崔秀萍,等.浑善达克沙地黄柳活沙障防风固沙效益的研究[J].中国沙漠,2006,26(5):717-721.

[30]刘学敏,陈静.生态移民、城镇化与产业发展——对西北地区城镇化的调查与思考[J].中国特色社会主义研究,2002,(2):61-63.

[31]李笑春,陈智,叶立国,等.对生态移民的理性思考——以浑善达克沙地为例[J].内蒙古大学学报(哲学社会科学版),2004,36(5):34-38.

[32]朱震达,刘恕.中国北方地区的沙漠化过程及其治理区划[M].北京:中国林业出版社,1981.

[33]吴正.中国沙漠及其治理[M].北京:科学出版社,2009.

第八章　浑善达克沙地沙漠化
遥感监测系统设计与开发

1　开发背景

　　沙漠化是浑善达克沙地面临的主要环境问题，也是影响当地生态与经济发展的重要因素。随着地理信息系统技术与遥感技术的不断发展，通过计算机对沙漠化地区进行信息提取、数据处理和数据分析已显得日益重要。采用地理信息系统与遥感技术监测浑善达克沙地，通过多源数据研究多年间沙地的动态变化情况，从空间和时间两个维度表征变化特征，从而为生态治理提供切实可行的服务方案。不仅如此，通过建立浑善达克沙地沙漠化遥感监测系统，实现数据管理与服务平台，提高数据自动化处理效率，降低技术门槛，为沙漠化研究与应用提供优质服务，本书基于浑善达克沙地沙漠化监测数据建立针对该研究的可视化监测系统。

1.1　系统建设意义

　　传统的地理信息系统处理软件与遥感应用软件为地理信息行业提供了强大的数据处理工具，专业性强且功能强大。但在针对具体需求时，可能会涉及多个软件的综合应用，明显降低了自动化水平。在应用过程中，专业软件由于体系庞大，操作烦琐，对使用者的要求也较高，不便于业务化运行。本书通过设计并实现了浑善达克沙地遥感监测系统，集成了主要的数据处理与可视化功能，将项目的整个数据处理、分析与应用流程集成在系统中，为浑善达克沙地的研究提供信息服务。系统通过对原始采集数据进行加载、处理，最终形成可视化成果，集成多源数据处理流程及算法，实现对浑善达克沙地的沙漠化遥感监测过程。同时，系统还将整个项目的各类研究成果进行汇总和展示，建立浑善达克沙地遥感监测系统数据库，为后续研究提供基础数据。

1.2　系统设计目标

系统通过设计浑善达克沙地沙漠化数据显示、处理和分析等功能，使数据处理更加流程化、系统化、规范化、自动化，能够提高数据处理的效率。同时，系统界面简单友好，模块实用性强，具有良好的容错性，对于用户出现的误操作能够给出警告与提示，便于用户及时更正。建立浑善达克沙地沙漠化遥感监测系统，也能够促进该区域数据交流与共享。

1.3　系统设计原则

本系统在设计时遵循了以下的设计原则：

（1）实用性

由于本系统是以实际项目为背景，所以会根据科学研究的具体模块完成软件的设计与最终实现。

（2）可扩展和可维护性

本系统具有良好的兼容性与可扩展性，充分考虑了系统数据库容量与处理能力，接口与类的设计也遵循了扩展性原则，方便后续功能的扩展与完善。

（3）安全性

系统设计充分考虑了数据的完整性与安全性，能够保障系统平稳地运行，通过权限设计，使系统具有很高的安全性与可靠性。

（4）完整性

针对系统使用者，提供简单友好的操作界面，集成高效的数据处理算法，分层管理多源数据，保证了系统数据与功能的完整性。

2　开发工具与运行环境

2.1　系统开发工具与运行环境

浑善达克沙地沙漠化遥感监测系统主要使用 Microsoft Visual Studio 2013 工具进行开发，开发环境为 Microsoft .NET Framework 4.5 平台，开发语言为 C#。

软件运行环境的操作系统为 Windows 7，数据库使用 Microsoft Office Access（即 mdb 数据库）。地理信息系统开发平台基于 ESRI 公司的 ArcEngine 10.4 产品，遥感数据处理开发平台基于 GDAL（Geospatial Data Abstraction Library）库。

2.2　开发组件介绍

2.2.1　ArcGIS Engine 组件

ArcGIS Engine 是美国 ESRI 公司在 2004 年推出的用于开发 C/S 架构地理信息系统应用软件的工具包，使开发人员能够根据自己的实际需求定制软件功能。ArcGIS Engine 是基于 COM 的集合，可以被任何支持 COM 的编程语言所调用，如 C#、C++、JAVA 等语言。

ArcGIS Engine 主要由开发工具包和运行时组成，通过开发工具包提供一系列软件开发接口，能够实现地图显示、地理要素操作、数据存取、地图表达以及控件集成等功能，适用于高效开发。而 ArcGIS Engine 运行时是开发应用程序的软件环境，具有可伸缩性。ArcGIS Engine 提供了一系列类库，封装了不同的 GIS 功能，主要包括 Version 类库、System 类库、Carto 类库、Controls 类库、Display 类库、Geodatabase 类库、GeoAnalyst 类库等，还提供了一系列控件供开发者使用。此外，ESRI 的相关社区与论坛也提供了大量的示例代码，便于开发者快速组织功能[1]。

2.2.2　DotNetBar 组件

DotNetBar 组件是一款功能齐全的 Office 风格的界面库，能够帮助软件开发人员创建更加专业与友好的用户界面（包括 Metro Tiles、工具栏、滑动面板、窗体、全自动颜色方案生成以及无限彩色主题等），支持 Visual Studio 中 .NET 的所有版本，且有详细的开发实例与帮助文档，能够快捷建立绚丽的可视化应用程序[2]。

2.2.3　GDAL

GDAL（Geospatial Data Abstraction Library）是一个在 X/MIT 许可协议下的开源栅格空间数据转换库，使用 C/C++ 语言编写，能够进行读取、写入、转换以及处理各种栅格数据格式的操作，且能进行跨平台应用。目前多数地理信息系统或遥感软件都使用了 GDAL 作为底层构建库，如 ArcGIS、ENVI、QGIS 等。GDAL 提供了三大类数据的支持，包括栅格数据、矢量数据以及空间网格数据，提供了 C/C++ 接口，可以通过 SWIG 提供的 Python、JAVA、C# 进行调用[3]。

3 系统总体设计

本系统采用数据层、服务层与应用层三层架构方式设计。其中数据层包括各种格式的基础数据，如矢量数据、栅格数据以及其他格式的数据，多种数据形成不同的专题数据库，便于用户根据自己的需求进行访问和管理；服务层主要进行业务逻辑处理，包括各种功能组件和服务，传递用户的指令与操作信息，结合算法进行业务处理，是衔接数据层与应用层的中间件；应用层提供了一系列面向用户的功能模块，主要包括数据读取、数据转换、查询统计、地图操作、数据分析、影像处理、数据分类、地图输出与成果展示等功能，用户可以通过选择指定模块执行相应的功能。系统的总体设计图如图8-1所示：

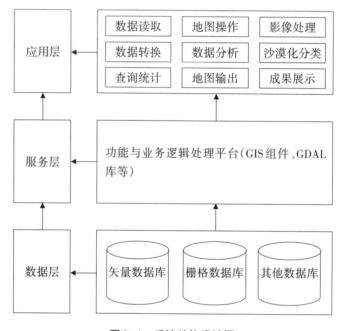

图8-1 系统总体设计图

4 系统数据库设计

系统数据库设计遵循合理化、科学化的设计原则，数据类型方面主要包括基础数据收集与录入和动态监测数据处理与录入；数据格式方面主要包括矢量数据、栅格数据、表格数据、文本数据等。

　　本研究的基础数据包括：浑善达克沙地研究区基础地理数据、社会经济数据、环境数据、土地利用数据、自然资源数据以及气候气象水文数据等。

　　系统的空间数据主要包括：基础地图与专题地图，主要是研究区的行政区划图、地形图、数字高程模型、土壤类型图、农业区划图等。栅格数据主要包括：Landsat系列遥感影像数据、MODIS系列遥感影像数据、Sentinel系列遥感影像数据以及地面照片资料等。表格数据包括：社会经济数据、人口数据、气象站点数据、地面调查数据等。文本数据包括文件、报告以及当地统计信息等数据资料，如研究区内的相关研究报告、调研报告、政策法规等，此外，还包括音频、视频等多媒体格式及其他格式数据。如图8-2所示。

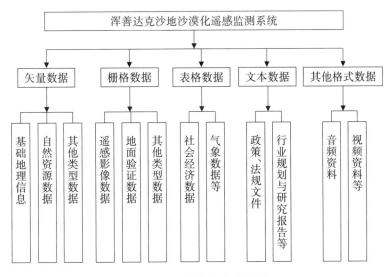

图8-2　系统数据库设计图

4.1　概念结构设计

　　概念设计能够将系统需求分析所得到的需求抽象为概念模型，主要通过E-R图表示，E-R图主要是由实体、属性和联系共同组成（图8-3），能够将数据库中的实体对象、联系以及属性的关系和映射关系进行描述[4]。

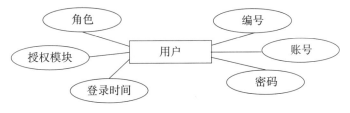

图8-3　用户模块E-R图

4.2 逻辑结构设计

逻辑结构能够对概念结构进一步细化，能够详细描述数据属性信息，定义数据库中每个实体之间主、外键的信息以及属性关系等[5]。以用户表为例，需要设计主键和外键，分别是用户ID和角色ID，设置用户名、密码、授权模块和登录时间等字段信息，如表8-1。

表8-1 用户表描述

字段名	数据类型	主、外键信息	是否为空	备注
Id	int	PK	否	编号
Username	string		否	用户名
password	string		否	密码
Role_id	Int	FK	否	角色
Role_module	int		否	授权模块
Login_time	date		否	登录时间

5 系统功能模块设计

系统功能模块设计包括了系统进行数据输入、数据处理、可视化显示、数据分析以及数据输出的一系列过程，主要由12个模块组成。

5.1 权限管理模块

系统通过集成权限管理功能管理用户对功能模块的操作，本系统基于角色权限实现，通过角色与权限进行关联，以实现用户与模块的管理（图8-4）。

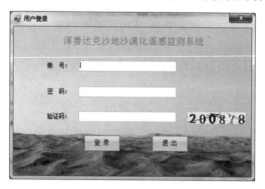

图8-4 系统登录界面

5.2 文件管理模块

文件管理模块包括打开影像、打开 shapefile（简写为 shp）数据、打开 AutoCAD 格式数据、打开 gdb 格式数据、打开文本数据、打开文档数据、打开视频数据、新建个人数据库以及打开个人数据库功能（图 8-5）。

图 8-5 文件管理模块

5.2.1 打开影像

浑善达克沙地作为研究区，研究成果包含了一系列研究数据，而影像是数据处理与分析的基础数据。系统支持多种影像数据格式，包括 bmp 格式、Geotiff 格式、jpg 格式、img 格式等。点击打开影像功能，就会弹出打开选择文件的对话框（图 8-6），通过选择路径中的文件，点击打开即可完成影像数据的加载。

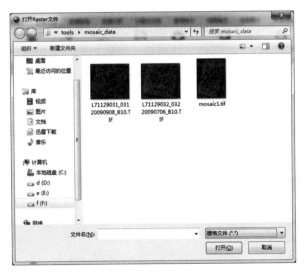

图 8-6 打开影像数据

影像加载后，将在工作空间中显示相应图层信息，包括文件名和栅格显示的 RGB 范围（图 8-7）。

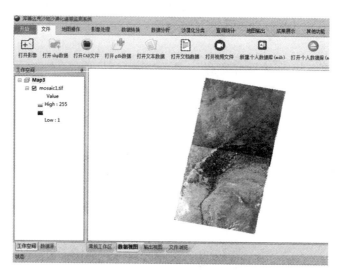

图 8-7 影像数据加载到系统

5.2.2 打开 shapefile 格式数据

shapefile 是由 ESRI 公司开发的一种数据格式，由一系列矢量坐标做成的几何图形，并包含属性信息[6]。系统通过打开 shapefile 格式文件通过点击菜单中的对应功能按钮，弹出打开 shapefile 格式数据对话框（图 8-8），通过选择后缀名为 .shp 格式的数据，点击打开，即可将该格式数据加载到系统中（图 8-9）。

图 8-8 加载 shapefile 格式数据

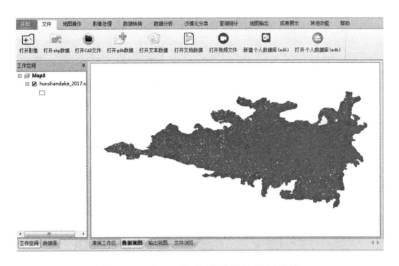

图 8-9　shapefile 格式数据加载后效果

5.2.3　打开 CAD 格式数据

打开 CAD 格式文件通过点击菜单中的对应功能按钮，弹出打开 CAD 格式数据对话框（图 8-10），通过选择后缀名为 .dwg 或 .dxf 格式的数据，点击打开，即可将该格式数据加载到系统中。

图 8-10　打开 CAD 格式数据

5.2.4　打开 gdb 格式数据

gab 数据格式是 ESRI 公司开发的文件地理数据库，系统可以打开 gdb 格式文件通过点击菜单中的对应功能按钮，弹出打开gdb格式数据对话框（图8-11），通过选择后缀名为.gdb文件夹形式的数据，点击打开，即可将该格式数据加载到系统中。

图8-11　打开gdb格式数据

5.2.5　打开文本数据

文本数据主要以.txt为后缀名，打开文本数据通过点击菜单中的对应功能按钮，弹出打开文本数据对话框，通过选择后缀名为.txt格式的文件夹形式的数据（图8-12），点击打开，即可将该格式数据加载到系统中。

图8-12　打开文本数据

5.2.6　打开文档数据

文档数据包含了多种数据格式，如 Word 2003 格式、Word 2007 格式、Excel 2003 格式、Excel 2007 格式、PPT 2003 格式、PPT 2007 格式及 PDF 格式。通过打开文档数据对话框，根据下拉框选择对应格式（图 8-13），即可将相应格式的文件加载到系统中进行预览。

图 8-13　打开文档数据

5.2.7　打开视频文件

系统同时支持多种视频格式，包括 asf 格式、wma 格式、wmv 格式、wm 格式、wav 格式及 avi 格式。通过打开文件对话框，选择对应的格式类型，进行视频文件的加载。

5.2.8　新建个人数据库

mdb 数据格式是 Microsoft Access 的数据存储格式，属于轻量级数据库，便于对数据进行管理。通过点击系统中的"新建个人数据库"按钮，即可弹出新建 mdb 数据库界面，通过浏览选项，选择数据库存放的本地路径，输入文件名（图 8-14），点击按钮即可创建 mdb 数据库。

图8-14　新建个人数据库

5.2.9　打开个人数据库

点击打开个人数据库按钮，即可弹出打开个人数据库的窗体，窗体主要包括两部分的功能（图8-15、图8-16）：第一部分是加载空间数据，能够将mdb类型空间数据加载到系统中；第二部分是通过连接本地属性mdb数据，进行连接并验证提示信息（图8-17）。

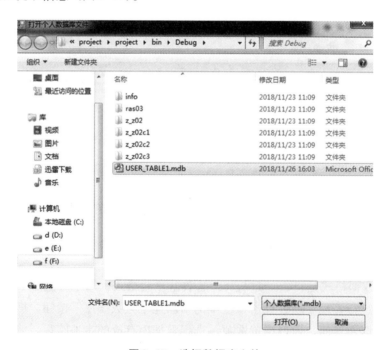

图8-15　选择数据库文件

图8-16　打开并连接个人数据库

图8-17　加载之后的提示

数据库连接成功后，会检测属性库中是否含有属性表（图8-18），如果有则进行属性加载，否则会提示"数据库中不存在表格！"。

图8-18　打开数据库属性表

如果存在表格（图8-19），选择某一个属性，点击查询按钮，即可查询属性的相关信息。

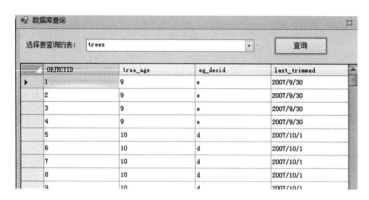

图 8-19　进行数据库查询

5.3　地图操作模块

地图操作模块包含了地图放大、地图缩小、全图显示、漫游等一系列与地图操作相关的功能（图 8-20），便于用户对地图进行浏览。

图 8-20　地图操作模块

5.3.1　地图放大

通过点击该按钮，完成当前显示区域为中心的 1.5 倍放大（图 8-21），便于用户对具体空间位置的浏览。

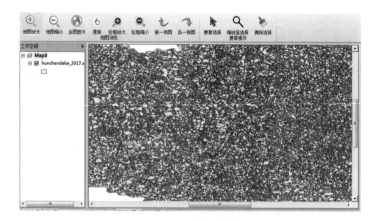

图 8-21　地图放大后效果

5.3.2　地图缩小

地图缩小是以当前可视范围的中心1.5倍进行视域缩小（图8-22），使用户能够浏览更大的区域。

图8-22　地图缩小后效果

5.3.3　全图显示

全图显示能够将地图放大或缩小后还原到整个完整图的过程（图8-23）。

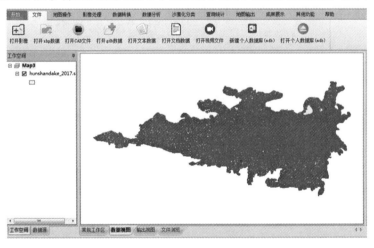

图8-23　全图显示后效果

5.3.4　漫游

地图漫游能够使用户根据需求移动整个地图区域（图8-24），以查找自己感兴趣的浏览地点。

图8-24 漫游效果

5.3.5 拉框放大

拉框放大比固定放大更灵活，通过点击拉框放大按钮，选择某一指定区域，拖拽出一个矩形，进行该矩形内区域的放大操作（图8-25），便于用户观察指定区域的情况。

图8-25 拉框放大效果

5.3.6 拉框缩小

拉框缩小是通过点击拉框缩小的功能按钮，在数据视图中拖拽矩形框，将原来视图缩小，并使整个可视范围变大的过程（图8-26）。通过拉框缩小功能，便于用户观察周围区域的地图特征。

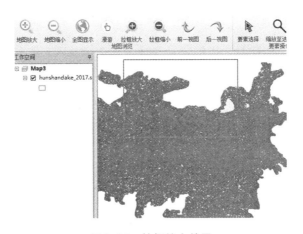

图8-26　拉框缩小效果

5.3.7　前一视图

前一视图类似于撤销操作，只不过是针对地图视图的后退操作。点击前一视图，数据视图就会还原上一步视图的情况。

5.3.8　后一视图

后一视图与前一视图的功能类似，当用户点击了前一视图，却又想对比后面执行的操作，可以再次点击后一视图，查看刚才的操作。

5.3.9　要素选择

通过点击"要素选择"功能按钮，选择数据视图中的某一矢量图斑，将图斑进行高亮显示（图8-27），便于用户观察该图斑的情况。

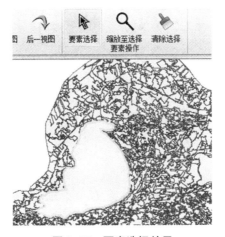

图8-27　要素选择效果

5.3.10 缩放至选择

缩放至选择功能针对选择的要素，对于已选择的所有要素的全域范围进行缩放，缩放的范围能够看到所有被选择的要素（图8-28）。

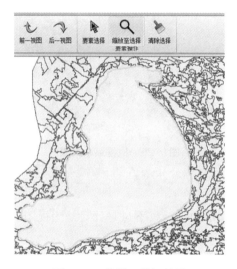

图8-28 缩放至选择效果

5.3.11 清除选择

清除选择完成对之前所有选择要素的清除工作（图8-29），使用户当前状态为不选择任何要素。

图8-29 清除选择效果

5.4　影像处理模块

影像处理模块包括了多个影像处理功能，如波段合成、影像镶嵌、影像裁剪、影像重采样、植被指数计算、MODIS 数据处理、气象站点数据处理等一系列功能（图 8-30），该功能为浑善达克沙地遥感数据处理提供了支撑。

图 8-30　影像处理模块

5.4.1　波段合成

波段合成主要是将多个单波段影像合成为多波段影像，便于后期提取数据信息 [7]。以本项目为例，选择 Landsat5 TM 影像的某一景数据，如行列号为 123031 的数据（图 8-31），为了提取植被信息，将 432 波段进行假彩色合成，通过本功能模块即可完成多波段影像合成。

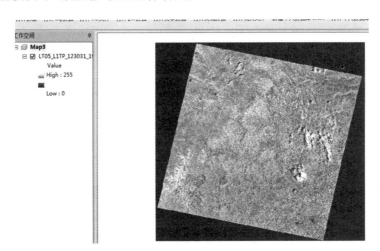

图 8-31　单波段影像

其中输入影像选择待合成的影像全路径，选择后点击数据文件的全名即可自动加载到已添加文件的框中（图 8-32），如果选择错误，还可以选中错误的项，点击右侧移除数据，即可将错误项移除。再选择输出影像路径，通过填写输出路径和影像文件名，点击确定按钮，即可执行波段合成（图 8-33）。

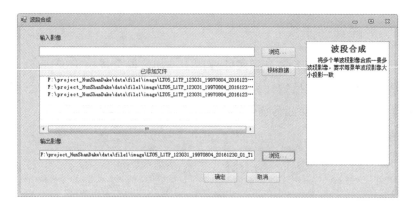

图 8-32 波段合成过程

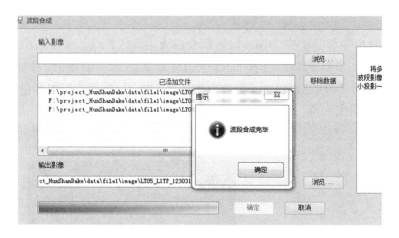

图 8-33 波段合成完成效果

5.4.2 影像镶嵌

影像镶嵌是将具有同一地理参考的两景或多景影像数据进行拼接处理[8]，对于本项目，浑善达克沙地涉及的影像较多，需要进行镶嵌处理。

镶嵌过程中首先通过浏览打开选择数据的对话框，选择要进行镶嵌的多景数据，数据就会依次添加到文件列表中。在操作过程中，可以参考右侧的帮助信息，帮助信息详细列举了每一项的参数。通过选择镶嵌类型、色彩匹配方法、忽略背景值、Nodata 值以及镶嵌容差等参数，最终选择输出的目标栅格，进行镶嵌处理（图 8-34）。

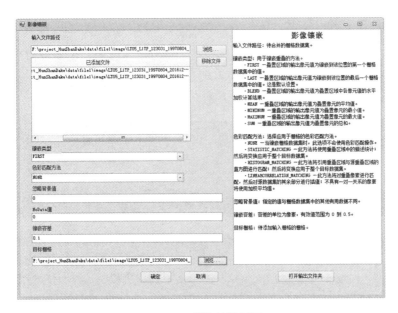

图 8-34 影像镶嵌设置

5.4.3 影像裁剪

影像裁剪主要是为了按照研究区范围提取影像信息，需要将镶嵌的多景影像按照研究区界线裁剪出研究区内的影像数据。

通过选择影像裁剪功能，打开操作窗口，在输入影像中选择要进行裁剪的影像，输出范围选择研究区范围，通过选择输出文件夹，即可输出裁剪后的结果（图 8-35）。

图 8-35 影像裁剪设置

5.4.4　重采样

影像重采样主要是从高分辨率影像提取低分辨率影像，主要包括最近邻法、双线性内插法和三次卷积内插法。本项目通过输入 X 和 Y 的采样比，对影像进行重采样操作（图8-36）。

图8-36　影像重采样设置

5.4.5　植被指数计算

植被指数是衡量沙漠化程度的一项重要指标，能够定性和定量评价植被覆盖情况[9]。本系统中能够计算归一化植被指数（NDVI）、增强型植被指数（EVI）及不同波段的植被指数信息。

点击植被指数按钮，弹出植被指数计算窗体，在输入影像处选择待计算的影像，通过选择指数类型，选择输出位置即可计算植被指数（图8-37）。

图8-37　植被指数计算

5.4.6　MODIS数据处理

MODIS数据处理通过调用MRT工具（MODIS Reprojection Tool）进行投影，该工具能够帮助用户把MODIS影像重新投影到更为标准的地图，以便于提取NPP（净初级生产力）。安装MRT工具需要配置JAVA环境，本系统通过调用该工具完成对MODIS数据的处理（图8-38）。

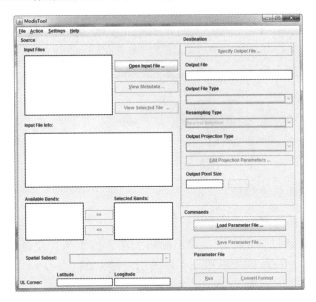

图8-38　调用MRT工具界面

5.4.7　影像信息

查看影像信息通过点击影像信息按钮，在弹出的窗体中选择影像，点击查询，即可查询影像信息。影像信息包括影像投影信息、坐标系统、数据类型、数据大小和波段信息等（图8-39）。

图8-39　影像信息查看

5.4.8 气象站点加载

气象站点数据是从浑善达克沙地研究区内的气象站点获取的有关气温、水文等的一系列数据。本系统通过打开 .txt 文件格式的气象站点数据，将其另存为 shapefile 文件格式，便于后续进行研究与应用（图 8-40）。

图 8-40 气象站点加载

5.4.9 反距离权重插值

反距离权重插值方法是较常用的插值方法之一[10]，本项目通过选择 shapefile 矢量格式数据，通过指定字段、输出栅格大小、搜索半径及幂值来进行数据插值。其中搜索半径包括固定类型和变量类型（图 8-41）。

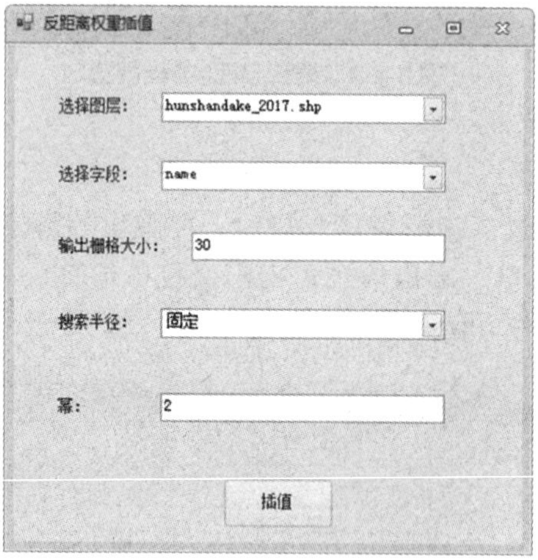

图 8-41 反距离权重插值

5.4.10 克里金插值

克里金插值方法也是空间插值的方法之一，通过选择矢量图层，设置字段、输入栅格大小、搜索半径以及半变异类型执行插值操作。其中，搜索半径包括固定类型和变量类型，半变异类型包括球面、圆、指数、高斯、和线性五种类型（图8-42）。

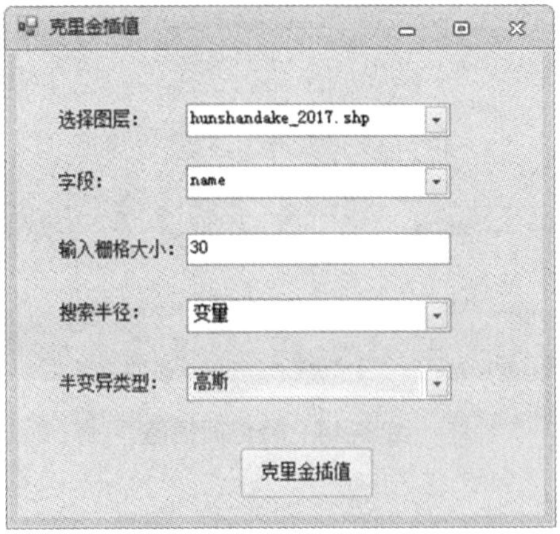

图8-42　克里金插值

5.4.11　样条函数插值

样条函数插值通过设置矢量图层、字段、输出栅格大小以及选择样条函数类型进行，其中样条函数类型包括Regularized和Tension类型（图8-43）。

图8-43　样条函数插值

5.4.12　趋势面插值

趋势面插值通过选择矢量图层、字段、输出栅格大小、回归类型以及多项式的阶完成插值过程，其中，回归类型包括linear或logistic类型（图8-44）。

图8-44　趋势面插值

5.4.13　自然邻域插值

自然邻域法只需设置矢量图层、字段以及输出栅格大小，即可在数据视图中生成插值结果（图8-45）。

图8-45　趋势面插值

5.5　数据转换模块

数据转换模块主要包括各种格式数据相互之间的转换，如矢量与栅格互转、栅格与文本之间转换、文本转矢量、图层数据与其他数据格式的转换等（图8-46）。进行数据转换丰富了各种数据格式，便于进行数据分析与研究。

图8-46　数据转换模块

5.5.1 矢量转栅格

矢量转栅格主要是 shapefile 格式数据转换为 tif 格式数据，通过设置输出字段、输出分辨率即可完成格式的转换（图8-47）。

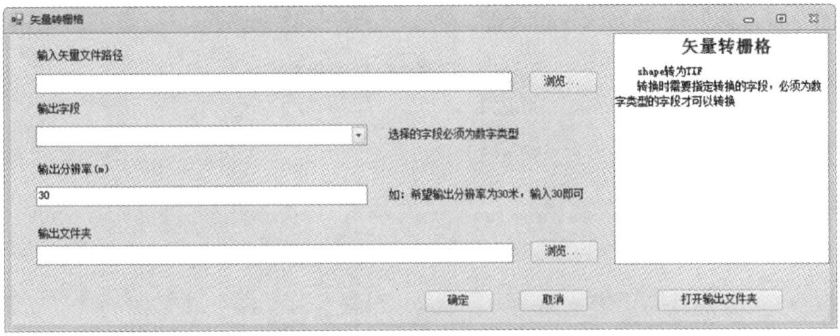

图8-47 矢量转栅格功能

5.5.2 hdf 转 tif

"*.hdr"是遥感图像头文件的后缀名，记录了遥感图像的信息，如图像尺寸、波段数、数据类型等信息（图8-48），在实际应用中，将其转换为 tif 格式很有必要，本项目就通过此模块完成数据格式的转换。

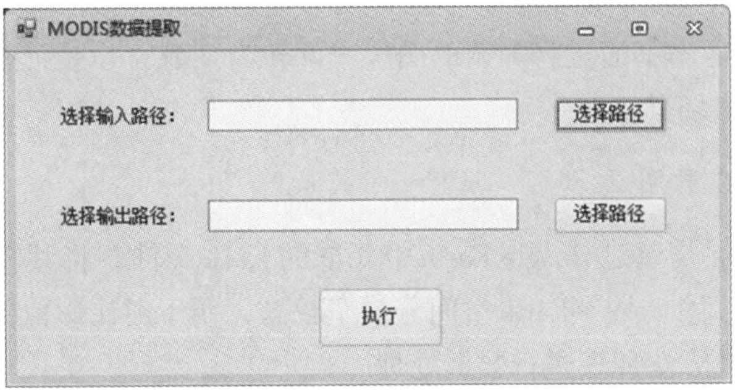

图8-48 hdf 转 tif 功能

5.5.3 shapefile 转 AutoCAD

AutoCAD 数据经常以".dxf"或".dwg"为后缀名，有些测算需要应用该数据格式。本系统提供了 shapefile 文件向 AutoCAD 文件转换的过程，且支持多种 AutoCAD 类型的数据格式（图8-49）。

图 8-49　shp 转 CAD 功能

5.5.4　图层转 KML

KML（Keyhole Markup Language）是一种基于 XML 的标记语言，能够描述地理空间数据（如点、线、面、多边形等），可以被 Google Earth 和 Google Maps 识别并显示[11]。本书通过将加载的图层文件转为 KML，以使浑善达克沙地的数据可以应用到多场景。

5.5.5　KML 转图层

KML 转图层是通过 Google Earth 中获取的 KML 文件，将其转为可被系统识别的图层文件，因 Google Earth 空间分辨率较高，便于对比影像信息。因此，本系统集成了转换方法便于进行数据处理。

5.5.6　栅格转矢量面

栅格向矢量转换处理的目的，是将栅格数据分析的结果，通过矢量绘图装置输出，或者为了数据压缩的需要，将大量的面状栅格数据转换为由少量数据表示的多边形边界。由栅格数据可以转换为 3 种不同的矢量数据，分为点状的矢量数据、线状的矢量数据和面状的矢量数据。本系统集成了栅格转矢量面的功能。

5.5.7 栅格转文本文件

将栅格转为文本文件，能够记录数据的具体信息、扩展使用范围，使数据伸缩性更强，且能够应用于其他场景。

5.5.8 Excel转shapefile

Excel转shapefile是通过打开Excel文件，读取对应的数据表，选择指定的X和Y字段，即可按照字段的数据生成shapefile点文件，以进行插值等其他操作（图8-50）。

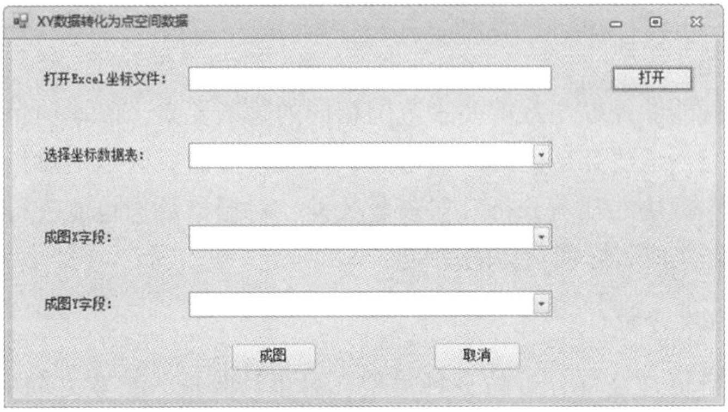

图8-50 Excel转shapefile功能

5.6 数据分析模块

数据分析模块主要包括矢量数据格式空间分析与栅格数据格式空间分析。其中，矢量数据分析主要包括缓冲区分析、邻接要素查询、裁剪分析、相交分析、联合分析、擦除分析和交集取反；栅格数据分析主要包括表面分析、栅格计算、栅格统计、密度分析、提取分析、距离分析和重分类（图8-51）。

图8-51 数据分析

5.6.1 缓冲区分析

缓冲区分析的内容主要包括点要素、线要素和面要素的缓冲区，能够描述地理空间中两个地物距离相近的程度[12]。如果是以点要素做缓冲区，则以点为圆心，以一定半径做圆，圆的范围即为缓冲区的范围。如果是以线要素做缓冲区，以线为中心轴线，缓冲区范围为距离该轴线一定距离的平行条带多边形。如果是以面要素做缓冲区，是围绕该面向外或向内扩展一定距离生成新的缓冲范围多边形。本系统中提供了点、线和面的缓冲区分析功能。

5.6.2　邻接要素查询

邻接要素查询是表征相邻要素之间关系的一种空间分析，通过选择某一或某些要素，即可将其邻接要素的范围表现出来，从而便于分析邻接位置，系统中可以进行矢量要素的邻接要素查询。

5.6.3　裁剪分析

裁剪分析能够提取与裁剪要素范围相同的输入要素，以本项目为例，为了获取浑善达克沙地研究区内的一些信息，需要按照研究区范围对指定类型数据进行裁剪。本模块的裁剪分析针对矢量数据，对栅格数据也能进行裁剪。影像处理模块已经集成了影像裁剪的功能。

5.6.4　相交分析

相交分析也是叠置分析的一种类型，可以计算输入要素之间的几何交集，便于对相同部分展开研究。根据相交分析的特点，涉及相交的所有图层或要素，其叠置部分被写入输出的要素类中。系统中集成了相交分析功能，为浑善达克数据分析过程提供了技术支持。

5.6.5　联合分析

联合分析是叠置分析的一种类型，与相交分析不同的是联合分析会将所有要素及其属性全部写入输出要素中，在项目中进行统计汇总时需要该功能的支持。

5.6.6　擦除分析

擦除分析通过输入两个要素，其中一个要素按照另一个要素的范围进行擦除，最终得到擦除后的要素，项目根据实际需求计算最终结果。

5.6.7　交集取反

交集取反的功能是取两个要素交集的反集，即将输入要素和更新要素中不叠置的要素或要素的各部分写入输出要素类中。

5.6.8　表面分析

表面分析能够将栅格数据以量化和可视化形式表示，可以通过生成新数据集，如等值线、坡度、坡向、山体阴影等获得更多的特征，获取研究区的基础地理信息时，可采用表面分析功能进行分析（图8-52）。

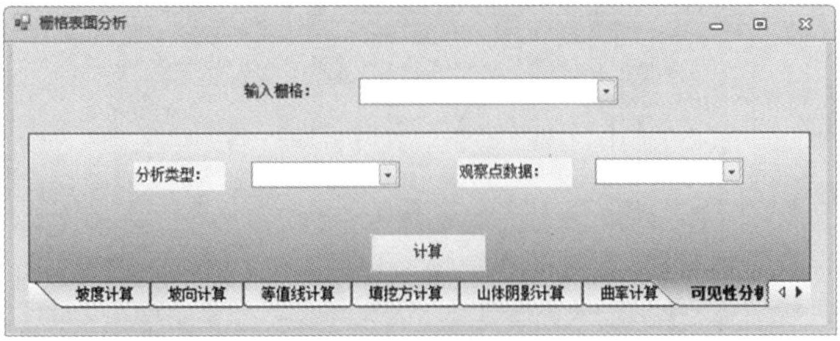

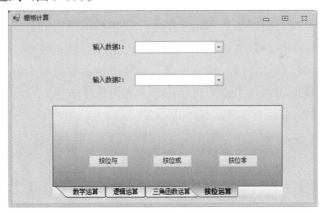

图8-52 栅格表面分析

5.6.9 栅格计算

栅格计算是栅格数据空间分析中数据处理和分析最常用的功能，可以通过地图表达式执行栅格分析，使计算更灵活。栅格计算的内容主要包括输入栅格数据、栅格图层、shapefile数据、表格和数值等，通过函数、运算符执行"地图代数"表达式（图8-53）。

图8-53 栅格计算

5.6.10 栅格统计

栅格统计能够统计栅格图层或栅格数据集的相关信息，包括像元数、图像大小、图像格式、构建参数、最大值、最小值、平均值、标准差等（图8-54），方便用户查看具体的信息，了解研究区影像的具体内容。

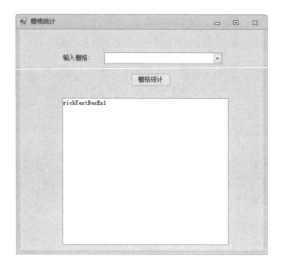

图8-54　栅格统计

5.6.11　密度分析

密度分析主要包括三种类型，即点密度分析、线密度分析和核密度分析（图8-55）。点密度分析是根据落入每个单元周围邻域内的点要素计算每单位面积的量级。线密度分析根据落入每个单元一定半径范围内的折线要素计算每单位面积的量级。半径参数值越大，生成栅格的概化程度就越高；值越小，生成的栅格所显示的信息越详细。核密度分析是使用核函数根据点或折线要素计算每单位面积的量值以将各个点或折线拟合为光滑锥体表面，常应用于地理格局演变等研究中[13]。

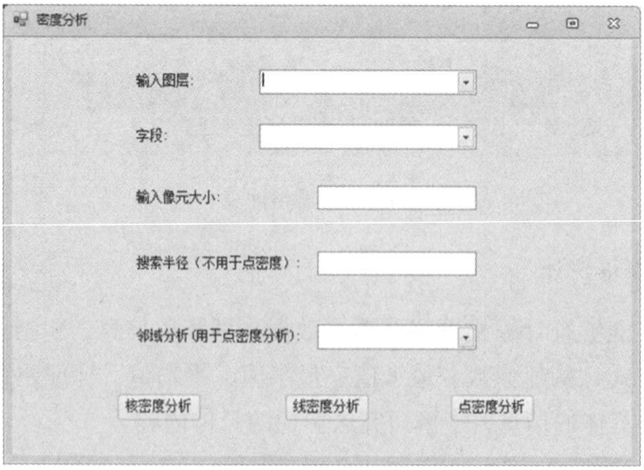

图8-55　密度分析

5.6.12　提取分析

提取分析包括按属性提取、按掩膜提取和按矩形提取（图 8-56）。按属性提取通过一个 where 子句完成，如在本项目中，提取轻度沙漠化的像元即可采用该方式。按掩膜提取需要制作掩膜文件，然后再对掩膜文件的范围内数据进行信息提取。按矩形提取是根据矩形的范围提取信息。此外，还可以按圆形区域提取、按点提取、按多边形提取等。

图 8-56　提取分析

5.6.13　距离分析

距离分析主要包括欧氏（直线）距离分析、成本距离分析、成本路径分析以及廊道分析（图 8-57）。欧氏距离是根据源像元中心与每个周围像元中心之间的直线距离。成本距离分析是计算每个像元到成本面上最近源的最小累积成本距离。成本路径分析是计算源到目标的最小成本路径。廊道分析是计算两个输入累积成本栅格的累积成本总和。本项目中在分析过程也会涉及相关的距离分析。

图 8-57　距离分析

5.6.14 重分类

重分类功能包括使用表重分类、使用文本文件重分类以及分割三个模块（图8-58）。对数据重分类可以替换旧值，将数据值重分类为常用的等级。使用表重分类通过使用重映射表更改输入栅格像元的值。使用文本文件进行重分类是通过文本文件重映射更改输入像元的值。分割是按照相等间隔区域、相等面积或自然间断点分级法分割输入像元值的范围。

图8-58 重分类

5.7 沙漠化分类模块

沙漠化分类模块集成了浑善达克沙地遥感数据的分类功能，通过主成分分析、样本创建，结合分类方法如最大似然分类法、类别概率分类法、ISO聚类分类法对浑善达克沙地的多期遥感数据进行沙漠化分类（图8-59）。分类后通过边界处理、众数滤波、区域合并以及蚕食，形成沙漠化分类结果。分类结果可以作为沙漠化监测的重要依据。

图8-59 沙漠化分类模块

5.7.1 主成分分析

主成分分析（Principal Component Analysis，PCA）是一种统计方法。在实际研究与应用中，需要对反映事物的多个变量进行大规模的观测，收集大量数据以便进行分析寻找规律。但在多数情况下，许多变量之间存在相关性，从而增加了问题分析的复杂性，也给分析带来不便。如果分别对每个指标进行分析，分析往往是孤立而不是综合的，因此，采用主成分分析方法进行数据降维，找出一些主要成分，以便有效地利用大量统计数据，进行有效评估研究[14]。在遥感影像的分类中，主成分分析是一种很有效的方法。

5.7.2　样本创建

样本创建是创建由样本输入数据和一组栅格波段定义的类的 ASCII 特征文件。用户可以自定义分类的样本，通过样本管理工具栏选择分类图层，添加类别，包括类别编号、类别名称，通过绘制样本个数存储样本信息（图8-60、图8-61）。输出特征文件的扩展名为.gsg（图8-62）。

图8-60　样本管理模块

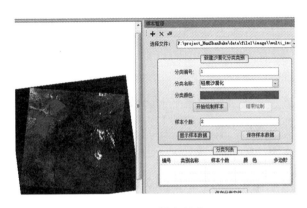

图8-61　样本创建

图8-62　样本保存

5.7.3　最大似然分类

最大似然分类将卫星遥感多波段数据的分布当作多维正态分布来构造判别分类函数，达到分类的目的。最大似然分类法在遥感领域中较为常用，包括植被、土壤、海洋等遥感信息的提取[15]。

5.7.4　类别概率分类

类别概率分类是创建概率波段的多波段栅格，并为输入特征文件中所表示的每个类对应创建一个波段，也是遥感影像分类中很有效的方法之一。

5.7.5　ISODATA聚类

ISODATA聚类算法能够确定多维属性空间中像元自然分组的特征并将结果存储在输出ASCII特征文件中。该方法是非监督分类方法，不需要制作样本，但精度相对来说较低，可作为参考方法。

5.7.6　边界清理

边界清理是通过扩展和收缩来平滑区域间的边界来完成边界清理过程，是分类后对影像处理的关键步骤。

5.7.7　众数滤波

众数滤波是根据相邻像元数据值的众数替换栅格中的像元，根据具体应用场景可使用该方法调整像元的值。

5.7.8　区域合并

区域合并记录输出中每个像元所属的连接区域的标识，每个区域部分都分配有唯一编号，使像元管理更加明确。

5.7.9　蚕食

蚕食通过用最近邻点的值替换掩膜范围内的栅格像元的值，也是修改像元的一种方法。

5.7.10　其他分类方法

（1）基于 eCognition 的多尺度分割

eCognition（中文名称："易康软件"）由德国 Definiens Imaging 公司开发，提供了遥感影像智能处理功能，包括影像加载、影像分类、影像分析等功能。当前版本为 9.5.1，可通过 https：//geospatial.trimble.com/ecognition-download 网站申请使用。

易康软件常用的分类方法包括阈值法分类、模糊分类、最近邻法分类和决策树分类等。本项目中部分数据的处理通过该软件完成，以水体分类为例，基于归一化水体指数，通过易康软件中的阈值法进行影像分类。需要注意的是，该软件在使用过程中，数据要放在全英文路径下，否则会提示错误信息。

易康软件的主菜单包括文件、视图、影像对象、分析、系统库、分类、进程、工具、输出、窗口和帮助等菜单项，每个菜单下包含了相关的功能，如图 8–63。

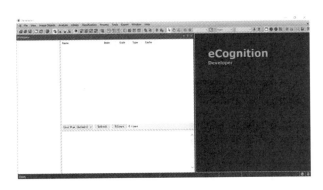

图 8–63　易康软件主界面

使用该软件时首先在文件菜单下创建新的工程，用于导入影像数据，如图 5–64 所示。

设置导入的相关参数，包括空间分辨率、像素单位、主题图层别名和元数据名称等（图8-65）。

图8-64 创建新工程

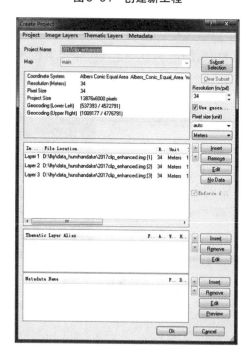

图8-65 导入设置

通过编辑混合图层功能，设置显示方式，包括色彩均衡方式和波段组合方式（图8-66）。

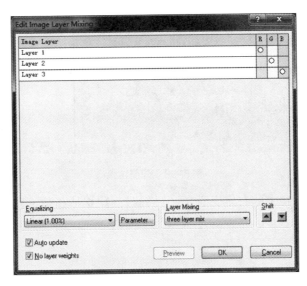

图8-66　图层显示设置

在进程树窗口中添加进程，设置尺度参数（颜色参数、形状参数、光滑度和紧致度）（图8-67），进行多尺度分割（图8-68）。

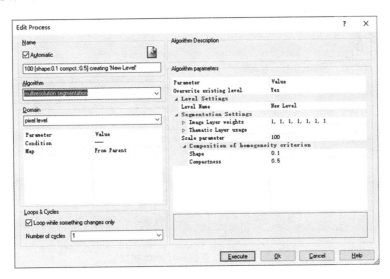

图8-67　多尺度分割设置

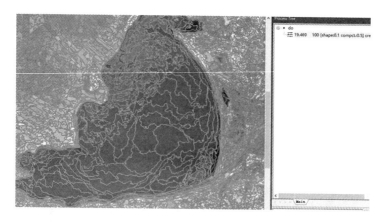

图8-68 分割结果

通过对象要素中的自定义选项，设置归一化水体指数（图8-69），用于提取特征。

图8-69 设置归一化水体指数

在归一化水体指数计算结果的范围中分割水体，查看阈值范围为0～0.26（图8-70），将此条件设置到分类进程中（图8-71）。

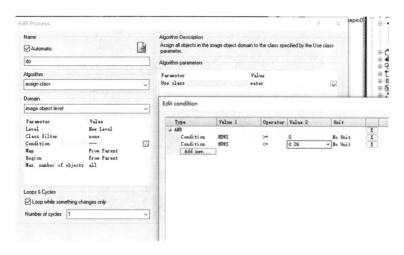

图8-70 设置阈值范围

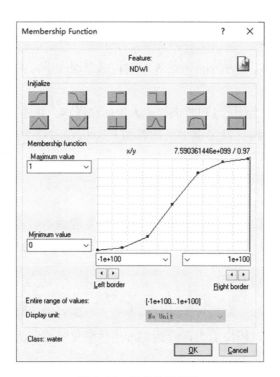

图8-71 设置关系函数

在进程树中执行分类，即可得到分类结果（图8-72）。

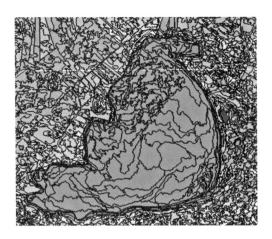

图8-72 分类结果

（2）基于深度学习的遥感影像语义分割

随着深度学习技术的广泛应用，研究者在遥感领域中取得了一系列研究进展。其中基于深度学习的语义分割算法层出不穷，包括deeplab系列模型、Unet网络、SegNet网络以及PSPNet网络等。现将基于深度学习的遥感影像语义分割流程总结如下：

①制作训练集、测试集和验证集，人为标注样本，并进行样本扩充。

②设计网络结构，设置模型的超参数，包括卷积层、池化层、batch size、激活函数和学习率等。

③进行迭代训练并不断优化算法。

④对验证集进行预测，评估模型精度。

深度学习具有广阔的应用前景，也是未来发展的趋势。在应用于遥感语义分割的过程中，依赖于大量准确的训练样本，比较适合高分辨率遥感数据。

5.8 查询统计模块

系统查询统计模块包括数据的属性查询、空间查询、图形查询、地图选择集以及数据统计。该模块能为浑善达克沙地沙漠化遥感监测数据查询统计提供服务（图8-73）。

图8-73 查询统计模块

5.8.1　属性查询

点击属性查询功能，弹出属性查询窗口，选择要查询的图层，确定查询方式，按照字段查找条件进行查询。其中，选择方式包括创建新选择集、添加到当前选择集、从当前选择内容中移除和从当前选择内容中选择4个模块。值的查找通过选择指定字段，使用对应的条件运算符，根据想要获取值的范围进行选择。查询结果会以高亮状态进行显示（图8-74）。

图8-74　属性查询模块

5.8.2　空间查询

图8-75　空间查询模块

空间查询主要针对两个或两个以上的图层，通过选择目标图层与源图层按照指定空间选择方法进行查询。空间选择方法包括目标图层要素与源图层要素相交、目标图层包含在源图层要素中、目标图层要素与源图层要素相同等。点击确定或应用按钮，就会保存空间查询结果，并显示在系统中（图8-75）。

5.8.3 图形查询

图形查询是以用户通过鼠标操作生成的图形几何体为输入条件进行查询的操作，查询结果为该几何体空间范围内的所有要素。用户只需要通过鼠标勾画图斑，即可实现鼠标范围内的查询。

5.8.4 地图选择集

地图选择集是对已选择要素的统计集合，将所有被选择的要素放到一个集合中进行显示（图8-76），方便用户查看。

图8-76 空间查询模块的地图选择集

5.8.5 数据统计

通过数据统计功能，统计当前数据集所包含的图层个数、要素个数以及选择状态（是否被选中），根据图层与字段，统计要素总数、最大值、最小值、总计、平均值和标准差（图8-77）。

图8-77 统计模块

5.9 数据输出模块

数据输出模块也属于制图模块，包括指北针、图例、比例尺、标注、符号化、地图网格、制图模板和地图输出（图8-78）。所有的功能模块都围绕地图制图的输出，能够将我们做出的地图进行可视化输出，存储到本地磁盘中。

图8-78 数据输出模块

5.9.1 指北针

指北针的主要功能是指示地图的方向，通过点击指北针功能，弹出指北针选择菜单，选择ESRI公司提供的指北针模板（图8-79），点击"确定"，即可添加到布局视图中，作为地图的指北针。

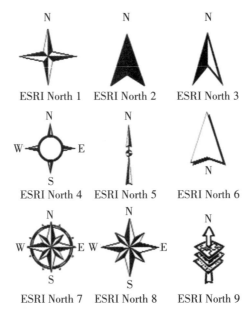

图8-79　指北针样式

5.9.2　图例

图例属于制图的一部分，添加图例能够显示地图符号和说明文本。通过图例能够表示地图要素符号的含义。如本项目可以通过图例来表征地图内沙漠化的等级以及程度。通过点击图例功能，在布局视图中拖拽矩形框，按照地图图层的属性添加图例。

5.9.3　比例尺

比例尺表示了图上距离与实地距离的长度比值，也是地图图形的缩小程度。地图比例尺以图形结合文字、数字的方式，可以从地图上量取实地相应的距离。点击系统中的比例尺，可以弹出几种比例尺的样式，通过选择一种样式，在布局视图中用矩形框拖拽，即可将比例尺添加到地图中（图8-80）。

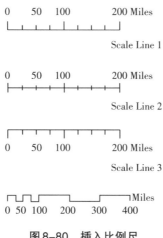

图8-80　插入比例尺

5.9.4　标注

地图标注能够将重要的地图信息通过文字在地图中标识出来，为了能让用户直观地看到地图中的地点或其他专题信息。如在浑善达克沙地遥感监测的项目中，某些关键的地理要素需要用标注进行表示，以可视化的形式呈现给用户。

5.9.5　符号化

对地图进行符号化能够渲染地图，主要包括单一符号化、唯一值符号化、唯一值多字段符号化等。根据具体的需求来制作不同的专题地图，从而选择不同的符号化类别。在浑善达克沙地遥感监测项目中，符号化能够确定沙漠化分类的等级，按照不同的颜色进行显示，使分类效果更直观。

5.9.6　地图网格

在制图中需要用到经纬网或方里网，系统也集成了相关功能。点击网格，即可自动在布局视图中按照地图投影添加经纬网（图8-81）。在系统成图过程中，地图网格是必不可少的要素。

5.9.7　制图模板

制图模板采用ESRI提供的*.mxt格式的地图模板文件，包括了多种样式的制图模板，能够为制图提供优质的解决方案。用户在制图过程中可以根据不同的需求选择不同的制图模板。

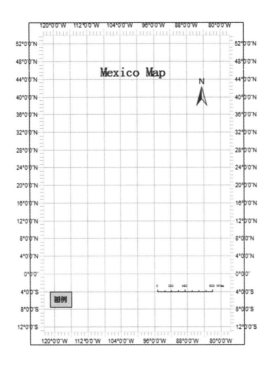

图8-81   插入地图网格

5.9.8   地图输出

地图输出可以将制图结果保存为图片格式文件，包括jpg格式、tif格式和pdf格式，方便用户在其他软件中进行浏览及打印。用户只需要选择存储路径，输入有效的文件名，即可完成地图输出功能。

5.10   成果展示模块

成果展示模块主要是对浑善达克沙地沙漠化遥感监测项目所产生的成果进行展示，包括数据成果、图件成果、论文成果、著作成果和科研剪影5个模块（图8-82）。

图8-82   成果展示模块

5.10.1 数据成果

（1）Landsat数据成果

点击数据成果，会弹出选择数据类型的窗体，数据类型主要包括 Landsat 数据和 MODIS 数据（图 8-83）。选择 Landsat 数据，点击数据查看，即可弹出 Landsat 数据成果窗体，包括数据时间、图表类型（图 8-84），可按年度数据与对比数据进行查看。

图 8-83　数据类型选择

图 8-84　时间与类型选择

年度数据为某一年的数据，可以采用柱状图形式查看（图 8-85）。

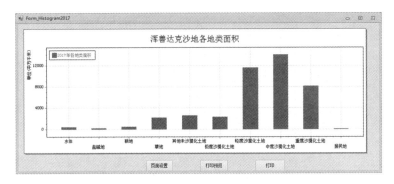

图 8-85　柱状图

图表类型还包括曲线图（图8-86）和饼图（图8-87）。

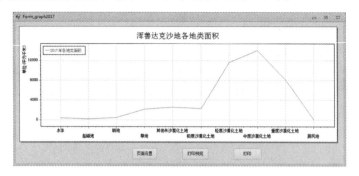

图8-86　曲线图

图8-87　饼图

数据对比查看可以通过选择图表类型和对应的年份（图8-88），即可查看对比图和属性情况（图8-89）。

图8-88　对比选择

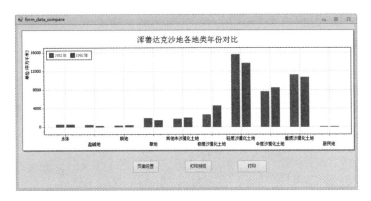

图8-89　柱状图对比

属性对比主要对比了各地类不同年份的面积（图8-90、图8-91）。

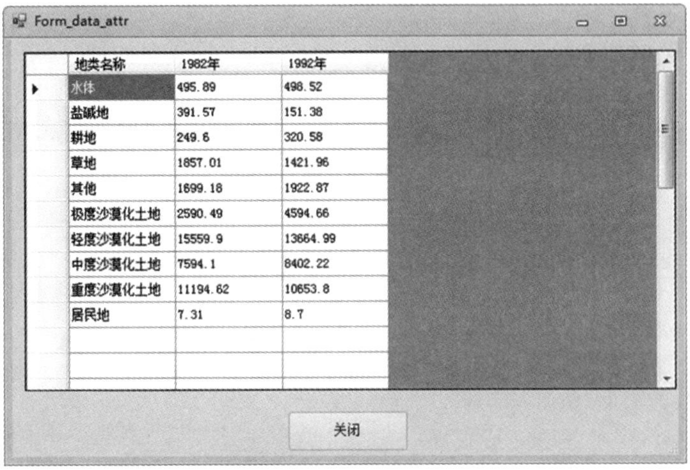

地类名称	1982年	1992年
水体	495.89	498.52
盐碱地	391.57	151.38
耕地	249.6	320.58
草地	1857.01	1421.96
其他	1699.18	1922.87
极度沙漠化土地	2590.49	4594.66
轻度沙漠化土地	15559.9	13664.99
中度沙漠化土地	7594.1	8402.22
重度沙漠化土地	11194.62	10653.8
居民地	7.31	8.7

图8-90　属性对比

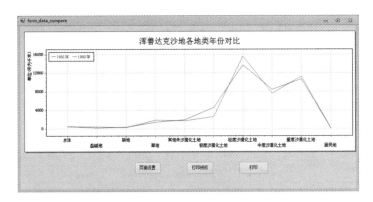

图8-91　曲线图对比

（2）MODIS数据成果

在数据类型中选择MODIS数据，点击数据查看，弹出MODIS数据成果窗体（图8-92），选择数据时间和成果类型、查看年度数据。

图表类型注意包括散点图（图8-93）、柱状图（图8-94）、曲线图（图8-95）、饼图（图8-96）以及散点与曲线图（图8-93）。

图8-92　MODIS数据选择

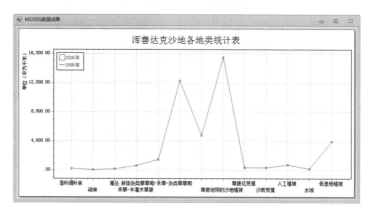

图8-93　MODIS曲线与散点图

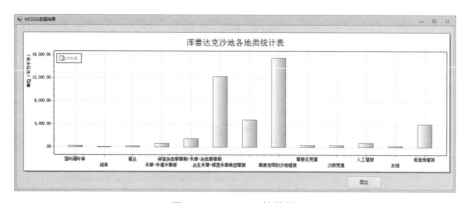

图8-94　MODIS柱状图

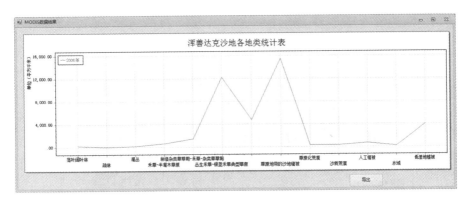

图8-95　MODIS曲线图

图8-96　MODIS饼图

5.10.2　图件成果

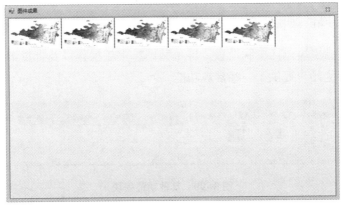

图8-97　栅格图成果

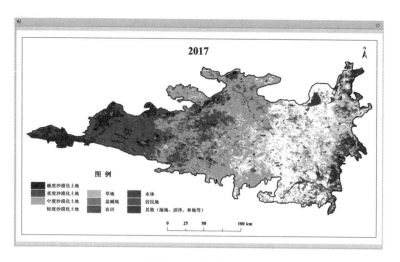

图8-98 查看大图

图件成果以图片的形式排列在窗体中（图8-97），通过双击某一张图，即可查看该图的大图形式（图8-98）。图件成果都是该项目中的专题图集。

5.10.3 论文成果

论文成果是课题组已经在本项目中完成并发表的一系列论文。

5.10.4 著作成果

著作成果为浑善达克沙地遥感监测研究项目组成员共同编著。

5.10.5 科研剪影

科研剪影包括了在浑善达克沙地进行野外调查与实验的过程照片，还包括在实验室进行数据处理与研究的课题组照片等。

5.11 其他功能模块

其他功能模块包括皮肤设置、屏幕截图、书签操作以及批量解压缩等功能（图8-99），为用户提供了一些常规功能。

图8-99 其他功能模块

5.11.1　皮肤设置

皮肤设置主要是为了满足用户对系统中各种颜色的需求，用户可以根据自己的习惯设置喜欢的系统颜色。系统提供了9种颜色供用户进行选择。点击下拉框，选择对应的皮肤类型（图8-100），点击"应用"可查看换肤效果，点击"确定"完成换肤操作（图8-101）。

图 8-100　选择皮肤 　　　　　　图 8-101　更换皮肤后效果

5.11.2　屏幕截图

屏幕截图能够实现对屏幕上感兴趣区域的截图功能（图8-102），方便用户进行浏览。

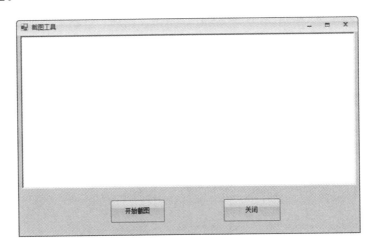

图 8-102　截图工具

用户点击"开始截图"按钮，通过拖拽矩形框选择截图区域，双击截图区域即可完成截图操作（图8-103）。

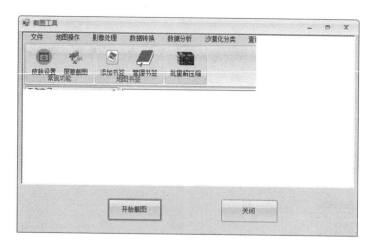

图8-103　截图操作

5.11.3　添加书签

添加书签能够将当前地图视图存为地图书签，方便用户下次直接进行该区域的查看，通过管理书签可加载到指定的书签内容。

5.11.4　管理书签

管理书签是对已添加的书签进行相关操作的过程，包括书签定位和删除功能。点击书签定位即可定位书签的视图，点击"删除"可删除当前选中的书签。

5.11.5　批量解压缩

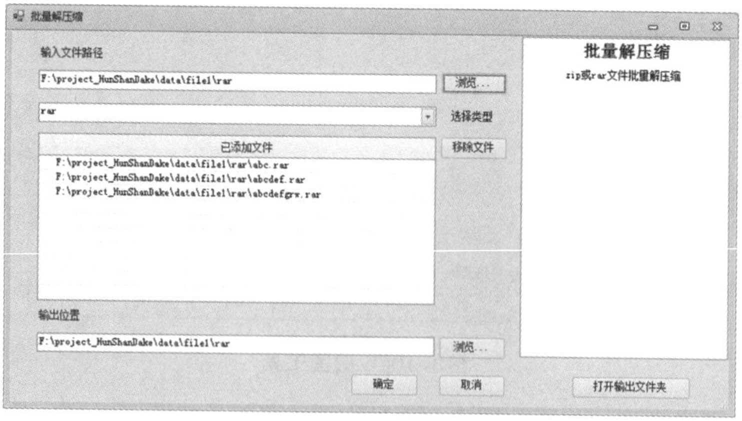

图8-104　批量解压缩

批量解压缩功能针对*.zip和*.rar格式的压缩包文件进行批量解压。通过选择某些压缩包格式文件所在的目录，选择解压缩类型，选择输出位置，即可将该文件夹下所有的压缩包文件进行解压（图8-104），针对本项目所使用的Landsat等数据，下载后都是压缩包的格式，能够大幅度提高数据管理效率。

5.12　系统帮助模块

系统帮助模块主要集成了系统内帮助、本地帮助文档以及本软件的说明（图8-105）。

图8-105　帮助模块

5.12.1　系统帮助

点击"系统帮助"，弹出系统帮助窗体。左侧为帮助内容导航窗体，右侧为具体的详细信息。通过点击左侧目录树的某一模块，右侧可以显示该模块的帮助信息（图8-106）。

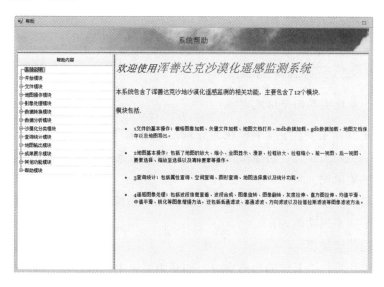

图8-106　系统帮助

5.12.2　本地帮助

系统也支持本地帮助文档。点击"本地帮助"，即可弹出本地帮助文档，可以在左侧目录点击指定内容进行查看（图8-107）。还可以进行内容的搜索与收藏。同时支持帮助文档的打印功能。

图8-107　本地帮助

5.12.3　关于本软件

此处介绍了本软件的版本情况和安装配置环境等信息。

6 系统实现与运行

6.1　系统主界面介绍及实现

6.1.1　系统主界面介绍及实现

系统主界面主要包括7个模块，分别是主菜单项、功能模块项、工作空间和数据源、主要工作区、功能操作区、状态显示区及信息栏（图8-108）。

（1）主菜单项

主菜单项主要包括开始、文件、地图操作、影像处理等12项内容，每项内容都包括了一系列功能。

（2）功能模块项

功能模块项包括具体的功能实现，如开始菜单中包括新建工程、打开工程、保存工程、账号管理及打印等功能，还可以通过选项设置系统的一些参数。

（3）工作空间和数据源模块

工作空间和数据源模块由工作空间和数据源两部分组成，工作空间可以对图层进行显示及管理，数据源显示了数据所在的源路径。

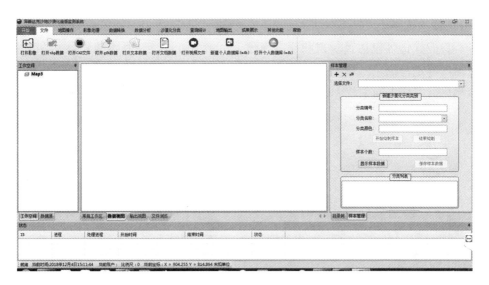

图8-108 系统主界面

（4）主要工作区

主要工作区包括常规工作区、数据视图、输出视图和文件浏览（图8-109）。常规工作区可以完成文档类文件的加载以及视频的播放等功能。数据视图主要针对矢量数据和栅格数据的显示和处理。输出视图主要应用于地图制图与输出。文件浏览对应着功能操作区的目录树，可以将本地磁盘的文件夹和文件显示在这里。

图8-109 主要工作区

（5）功能操作区

功能操作区包括目录树和样本管理，目录树可以链接到本地磁盘，方便对磁盘内容进行浏览（图8-110）。样本管理主要针对沙漠化分类模块，可以完成沙漠化分类样本的创建和保存。

图8-110 功能操作区

（6）状态显示区

状态显示区用于显示当前数据处理的进程、开始时间、结束时间以及处理状态等（图8-111），便于用户掌握当前用户对数据的处理状态。

图8-111 状态显示区

（7）信息栏

信息栏提供了系统当前时间、用户、比例尺、坐标和单位情况（图8-112），主要管理数据视图模块。

图8-112 信息栏

6.1.2 右键菜单功能

工作空间还支持右键菜单功能，对于矢量数据，可以通过右键打开属性表、进行属性关联、缩放到图层以及移除图层操作（图8-113）。

图8-113　右键菜单

6.1.3　系统开始菜单功能介绍

开始菜单主要集成了新建工程、打开工程、保存工程、账号管理、打印和选项功能（图8-114、图8-115）。工程以ESRI开发的*.mxd（地图文档）格式为基本格式。

图8-114　开始菜单

图8-115　选项功能

账号管理模块完成了账号的权限管理功能，管理员权限为最大，可以管理其他的用户账号。选项功能可以完成工具栏和功能的定制，用户可以按照自己的偏好将系统中需要使用的功能进行显示，不需要的功能可以选择性地隐藏。

6.2　系统管理与运行

系统主要通过管理员账户进行管理，管理员账户可以设置用户账号和重置密码，还能够指定用户使用功能模块的权限。管理员账户能够实现用户添加、用户查找和模块管理功能，方便对系统的维护与管理，保障系统正常运行。

参考文献

[1] 牟乃夏. ArcGIS Engine 地理信息系统开发教程[M]. 北京:测绘出版社, 2015.

[2] 张星星,宋旭东,丁易,等. 基于 DotNetBar 及 ArcEngine 的供水管网地理信息系统[J]. 地理空间信息,2016(14):38.

[3] 郜凤国,冯峥,唐亮,等. 基于 GDAL 框架的多源遥感数据的解析[J]. 计算机工程与设计,2012(2):760-765.

[4] 宋玉银,蔡复之,张伯鹏,等. 概念设计与结构设计的信息集成技术研究[J]. 清华大学学报(自然科学版),1998(2):51-54.

[5] 范战新,周营烽,魏宝刚. 动态流程的逻辑结构设计与实现[J]. 计算机应用研究,2004(9):27-29.

[6] 佘远见,郭旭东,何挺. 用于操作 shapefile 的 COM 组件开发与应用[J]. 测绘科学,2007(4):230-231;236.

[7] 曾志远,潘贤章,曹志宏. 卫星图像数据变换新方法在彩色合成中的应用[J]. 遥感信息,1991(2):2-4.

[8] 刘晓龙. 基于影像匹配接边纠正的数字正射影像的镶嵌技术[J]. 遥感学报,2001,5(2):104-109.

[9] 潘竟虎,秦晓娟. 基于植被指数-反照率特征空间的沙漠化信息遥感提取——以张掖绿洲及其附近区域为例[J]. 测绘科学,2010,35(3):193-195.

[10] 刘少华,严登华,王刚,等. 多维线性插值方法的构建及应用[J]. 南水北调与水利科技,2013(4):13-16.

[11] 刘祥磊,童小华,马静. 一种将 GIS 矢量数据精确转换成 KML 的方法[J]. 测绘通报,2009(3):27-30.

[12] 王结臣,陈炎明,李丽. 缓冲区生成研究进展评述[J]. 测绘科学,2009,34(5):67-70.

[13] 梁发超,刘诗苑,起晓星,等. 近30年闽南沿海乡村聚落用地空间演化过程研究[J]. 农业工程学报,2019,35(22):18-26.

[14] 黄灵操,栾海军. 主成分分析在均值漂移遥感影像分割中的应用[J]. 遥感信息,2016,144(2):97-100.

[15] 徐文斌,林宁,卢文虎,等. 基于最大似然法的钓鱼岛航空遥感监视监测信息提取[J]. 海洋通报,2013(5):548-552.